U0696034

做一个刚刚好的女子

康静文 ◎ 著

江西美术出版社

JIANGXI FINE ARTS PUBLISHING HOUSE

图书在版编目（CIP）数据

做一个刚刚好的女子 / 康静文著 . —— 南昌：江西
美术出版社，2017.7
ISBN 978-7-5480-4332-4

Ⅰ . ①做… Ⅱ . ①康… Ⅲ . ①女性－人生哲学－通俗
读物 Ⅳ . ① B821-49

中国版本图书馆 CIP 数据核字（2017）第 033400 号

出品人：汤　华
企　　划：江西美术出版社北京分社（北京江美长风文化传播有限公司）
策　　划：北京兴盛乐书刊发行有限责任公司
责任编辑：王国栋　陈漫兮　楚天顺　陈东
版式设计：曹　敏
责任印制：谭　勋

做一个刚刚好的女子

作　　者：康静文

出　　版：江西美术出版社
社　　址：南昌市子安路 66 号江美大厦
网　　址：http：//www.jxfinearts.com
电子信箱：jxms@jxfinearts.com
电　　话：010-82293750　　0791-86566124
邮　　编：330025
经　　销：全国新华书店
印　　刷：保定市西城胶印有限公司
版　　次：2017 年 7 月第 1 版
印　　次：2017 年 7 月第 1 次印刷
开　　本：880mm×1280mm　　1/32
印　　张：7
ＩＳＢＮ：978-7-5480-4332-4
定　　价：26.80 元

序言

XU
YAN

　　每个女孩的心中都会有一个得不到、放不开的男神。

　　而每一个男孩的心中，也会有一个忘不了、舍不掉的女神。

　　我的两个闺蜜都有自己仰慕的男神，这两个男神，我就叫他们A和B好了。

　　很巧，A和B都有自己仰慕的女神，她叫star。

　　是的，她是同一个人，一个优雅淡然的女子。

　　两个闺蜜曾评价star，要说她多美吧，也不觉得；要说她身材多好吧，其实也还好；要说她多么有人格魅力，多么有语言魅力吧，好像也就那样。

但她就是那么吸引眼球，不愠不火，不骄不躁，不胖不瘦，不极美也绝对不丑……单看每一样都不是多大的优点，但累积在一起，就成为了一个了不起的女人。

她什么都不是最好，但什么都刚刚好。

在你的身边，或许也有这样的女子。我们应该以她们为鉴，不攀附不将就，不迷茫不低头，不虚荣不浮躁，不自卑不自大，不放弃不沉迷……慢慢地改变自己，把自己变成自己喜欢的样子。

目录 MU LU

PART 1

你想要的，就是最好的

PART 2

你当然不平庸，你只是需要时间去成功

PART 1

你想要的，就是最好的

相信爱情，爱情才会靠近

爱情这种事，经不起细细推敲，一推敲就千疮百孔。但是我们唯有相信幸福，幸福才会来临；相信爱情，爱情才会靠近。

记得大学毕业刚出来找工作的时候，每天奔波劳累却一直找不到自己喜欢和满意的工作，每天都非常失意、痛苦、懊恼。一个女同学打电话告诉我："你不要太消极悲伤了，生活是你想过成什么样子，就是什么样子的。我总是把事情往好的方面想，我总是告诉自己要开心快乐生活，结果就是好的，我也活得很阳光。"

转念一想，爱情又何尝不是如此呢。我们内心怎样看待它，它就是怎样的。

只是，我们看了太多他人的分分合合，也经历了太多的恩恩怨怨，从心里怕了。有一个女孩总是在半夜里发短信给我，说她害怕，说她不敢爱，不敢接受。于是，有些故事，还没开始就退却了；有些话还没来得及说，就在心底泯灭了。

刚毕业的时候，一个谈了多次恋爱的朋友告诉我，他不会再相信爱情了。他说，他们宿舍的一个哥们儿跟他女朋友谈了三年，最后还是分手了。都说大学时谈恋爱，毕业的那天就是分手的那天，但那对情侣感情非常好，是他最看好的一对，他以为他们会一直走下去，可最后还是分开了。他说不再相信爱情的时候，眼神坚定而悲伤。但是两年之后，他又恋爱了。

他说："五一，我要结婚了，你来参加婚礼吗？"我把他曾说过不再相信爱情的话告诉他，他居然很惊讶，自己完全不记得说过这样的话。

人是敏感的，受了伤之后，总是选择躲藏。人也是天性猜疑的，在经历和看过了背叛，感受不安之后，不愿意再去相信。

有多少次因为胆怯，我们跟自己喜欢的人擦肩而过；有多少次因为害怕，我们拒绝了幸福来临的机会；又有多少次，因为闪躲和畏惧，我们连"喜欢"两个字都未曾开口。

我们宁愿忍受失去和错过的痛苦，宁愿忍受想念和孤独的煎熬，都不愿意迈出心底的那一步防线，去相信对方，相信爱情，抑或只是相信自己。

关于爱情，真的有太多的说法，不尽雷同。在一段时间内，有人告诉我们，不要去找，而是要等，真正的缘分早晚都会降临你身，你只要做好你自己就行了。在另一段时间内，一些人告诉我们，喜欢就要勇敢主动地去争取，难道你要眼睁睁地看着自己喜欢的人跟别人在一起?

我们有时候相信前者，有时候默认后者，有时候我们什么也不相信。只是，在我们读过了那么多爱情的理论，看过了那么多爱情的故事，我们应该已经明白：爱情，它没有任何成文的规定，就像生活没有任何成文的准则。能够把握和主宰爱情的，不是书中的文字，也不是别人的故事，而是你自己。

相信，只要你快乐地抬头看着天，只要你仍然选择相信爱情，命运绝不会亏待你。

我们往往要做的，是原谅他人，也放过自己。真爱永远不晚，真爱一定会来，前提是你心中仍然有爱，你依然善良并相信美好。

现实对谁都残酷

随着年龄的增长，现实会告诉你，曾经的理想、年少时坚定的信念，是多么的幼稚，又似天方夜谭般不可实现。

如果你被现实说服了，便会改变自己，拔掉自己身上所有的刺；而若你试着反抗，除了被现实无情地改变之外，可能还要承受煎熬的苦楚。

《海上钢琴师》中"1900"说："我害怕的不是我看到的一切，而是我没有看到的。世界那么大，请你告诉我它的尽头在哪儿？我不知道在那么大的世界里怎样去选择一条路，一栋房子，一个女人，一个家。"

"1900"就是现实中的你我，在选择前进和面对时，会觉得这个世界是一次太过于漫长的旅途。但我们无法像"1900"那样，永远待在海上。

更多的时候，我们必须在理想与现实的冲突中，不断地摸索和前进。

记得，有一个朋友，在她第一次感情受挫的时候，哭着跑过来向我询问，为什么爱的人要让自己受伤，她那么爱他。她觉得整个世界都坍塌了，她一无所有，她再也无法重新生活，再也无法去重新爱上什么人。她觉得自己受到了这个世界上最深最重的伤害。

也许爱情的伤害对她来说，真的太深刻、太刻骨，但是没有什么绝无仅有。一切的脆弱，都只是因为她第一次经历情感的挫败，第一次受伤罢了。

她还是重新爱了，仅仅半年之后。她脸上的笑容，已经淹没了她曾经问过的那些问题，爱情为什么会这样，为什么自己会那么凄惨。

第二年，当她再次失去，被伤害、被欺骗时，她又来找我。依然痛哭流涕，像个受伤的孩子。但这一次她并不绝望地认为，失去爱情就一无所有。那个时候，我看到的，是她默认现实的残酷，承认自己错误的眼光。

当哭完、发泄完，她不再像第一次那样埋怨诅咒这一切，反而狠狠地说以后要更加坚强，迎难而上。她已经学会，想尽办法让自己更坚韧地面对所发生的一切。

真的是这样，这个世界，没有什么是绝无仅有。你以为他离开你，你便再也不会义无反顾地那样去爱一个人了，然而不久，你又遇到了一个更值得爱的人，完全忘记了上一次的伤痛。你以为，你经历了命运所能给的最大的苦楚，然而人生还有不断的千难万难的事在等着你。我们唯有不断地打磨修炼自己，变成一个内心强大的人，去坦然面对现实所给的一切痛苦与不安，才能左右生活，主宰命运。

人生路上我们一直都在做选择题，即使我们没有主动做任何选择。人生没有标准的答案，谁都无法预料未来，我们只能走好自己选择的每一步。即使偶尔也会觉得这个世界是一次太过于漫长的旅途。

而更多的时候，我会在夜深人静里惧怕起生命的短暂。我怕来不及爱，来不及带走，来不及做很多事情。我害怕自己认认真真、辛辛苦苦来人世走一遭，就这样在百年之后被所有人遗忘。为了在人生路上留下痕迹，我们多少人都在不停地努力，一个故事，一部书，一种行为，一个家，或者一个孩子。

我们在自己生命的土地上含辛茹苦地耕耘，继而不断地开垦。我们活得越来越明了，只为了让别人，让更多的人看见自己种植的繁花似锦的庄园。当人们看见美并为此惊叹的时候，他们一定会问，这是谁创造的，不是吗？在人类历史的长河里，我们是多么不值一提，可是在生命的长河里，我们又是多么害怕被人遗忘。

在很小的时候，我们就听过不少大道理。然而在我们长大以后，才逐渐懂得那些大道理里面蕴含的小道理。所以现如今，我们还是讨厌老师总是给我们抄写一黑板的名人名言。或许那些真理的确道出了我们一直想要的真知，可是它解决不了我们成长的疑惑。

很多人告诉你，难过的时候可以说，或者写下来。我可以写，但是我写出的只是我的迷惑，答案，我没有。很多事情你知道就是那么回事儿，但是关于明天，下一步，你还是不知道该如何走。

慢慢地，你的心在这现实里不断经受风雨的磨砺，你所感受到的伤害也越来越小，像时间带走记忆的踪迹一样，愈来愈浅。那些伤害在你的身体里像条安静的小溪，慢慢地，缓缓地流淌。

当你再次受伤，怨怼生活的时候，匆匆走过红绿灯的马路，不经意地抬头看见头上炫目的光，会突然明白：原来现实，对谁都一样。

在时间面前，我们都一样

记得好几年前一个同学跟我说，他很喜欢一个女孩。那个女孩是我的好朋友。他说，当他独自一人走在他们曾经一起走过的地方时，他的心尖都在颤抖。

那是我第一次听到有人用心尖颤抖来形容自己对一个人的喜欢。他有没有表白过，我不知道。每年送贺卡，他都是大清早起来偷偷塞进女孩家的门缝里。现在女孩已经没有跟他联系了，女孩已经结婚，生子，而他也结婚了，有了自己的家庭。

他们或许彼此都再无交集。不管曾经多么刻骨铭心的感情，摆在时间面前，也不过都一样。也许后来的日子里会怀念，会想起，但终将过去。

就像初中的时候因为喜欢或者好奇而做了很多傻事的我们。

或许只是因为他不爱说话，也或许只是因为他总是独自一人，你会每天悄无声息地关注他，穿什么衣服，去哪儿吃饭，走哪条路回家。

你想让他注意到你，你会跟他一样早早地去班里上早自习。有时候你第一个到，有时候他比你先到。你从不跟他打招呼，也不说话，就是那么坐着，他在后，你在前。一直到同学陆陆续续地涌进教室。

也许只是因为他无意中的一个举动，你会在心底铭记很久。不管任何人提到他，你都会记得他曾经帮你修理过板凳，在你背诵课文时，偷偷把书给你看，因此挨了英语老师一耳光。他只是出于本性，或许心底没有丝毫在意。但是你记得。你记得那种小小的但是很暖人心的举动，你记得老师的那一耳光在你的心底打得有多响亮。

或许只是在做完早操的清晨，他在路过你座位的时候，揪了一下你的马尾辫。或许是在你的作业本被撕烂的时候，他若无其事地帮你粘好。

这样那样的记忆，看似无足轻重，有时候却可以温暖一生。

不管时光如何流逝，或许老了，或许将要死去，可能也还会想起。更何况，那个曾让你心尖颤抖的人。

只是我们需要继续生活，继续寻找。曾经的美好并不是被主动地遗忘，而是被被动地淡忘。不忘记又能怎样，继续的时光将一切打散，告诉我们，不忘记也不会怎样。

相信不管过了多久，当你有一天想到曾经的真心，那份悸动依然如故。会揪心，会难过，会留恋，会不舍。不管是喜欢，是爱，还是其他，只要曾真心诚意过。

只是以后的路会更长，感动也会更多。也许你们曾经一起走过几年，却有人陪你度过一生。也许你曾经拉过她的手，却有人亲吻过她的脸。也许你们曾一起欢闹，却有人让你又哭又笑……

你会更加记得和珍惜谁呢？

不管是谁陪在我们身边，或许都不是我们主动的选择，主动的遗忘。因为，我们始终活在当下；因为，我们只爱现在的时光；因为，在时间面前，我们都一样。

某一天，我还会想起你，你也还会偶尔想到我。想起初中时候你感冒了偷偷往你抽屉底下塞过药和鼻涕纸的同桌，那份感动依然在，那份思念却早已阻挡不了明日我们打开门，前去远方重新遇见的决心。

那个爱你的人在前方等你

不管你一个人曾经历了多少不幸，不管你的内心隐藏了多少疼痛，不管你曾多么孤单落寞，不管你是多么优秀简单美好。不管你曾多少次一个人无助地在街头痛哭，不管你多少次质疑爱情和身边的人，不管你有多少次渴望、期待一再落空，都请你不要悲伤。

你要坚信你的王子还在路上，因为他要翻山越岭、斩恶龙、斗巫师，所以你要淡定，不要抓狂慌张，那样，你终会看见爱情为你不死的模样。

有些人初中就懵懂地恋爱；有些人高中毕业就找到心爱的人长相厮守；有些人一进大学就有了喜欢的人，在一起很多年；有些人，刚失恋，来到一个新的城市，就遇到了对的人；有些人简单平凡，没有远大的追求，却早早过上了幸福的生活。为此，你唏嘘不已。

可是，你知道吗，这只是因为每个人站的角度不同，所以你才会觉得期待每每落空。并不是你一个人渴望爱情但总无法实现，也并不是只有你一个人温柔善良，却一直没有人保护和心疼。

并不是只有你一个人，每天坚强勇敢地面对一切；并不是只有你一个人，内心沁满了汗水与泪水，早已模糊不清；也并不是你一个人，一直没有遇见对的人……

记得和一个多年没见的朋友相见。她还是原来的那个她，一点都没有变。她还是像从前那样不顾形象地大声说话，侃侃而谈。她还是疯疯癫癫，一点都不淑女，有潜在暴力倾向的女汉子。

唯一变了的是，她有了男朋友，一个很疼她的男人。她说起他的时候，眼睛里有不一样的光芒，满脸都洋溢着幸福。

她说男朋友个头比她矮，她都没办法穿高跟鞋。她说男朋友总是早上给她送早饭，中午、晚上陪她一起吃饭，害她都没有时间减肥。她说一吵架，她就要跟他分手，男朋友却死活不同意，都受不了一个男人这么缠着她……你看，她连抱怨他的时候都充满了甜蜜。

我看着眼前的她，这个不漂亮、不温柔也不可爱的姑娘；这个能让每个听到她恋爱的人都露出惊讶表情的姑娘；这个从前从未谈过恋爱，甚至也一度担心自己嫁不出去的姑娘，才发现幸福原来可以来得这么快、这么简单。而这一刻，她是美的，因为她心里有满满的爱。

所以说，白雪公主会等到王子的亲吻，灰姑娘一定会找到属于她的水晶鞋，每个人都会等到属于自己的幸福。

无论你是相信，还是怀疑；无论你是选择了等待，还是争取，不论结果是否满意，都请在心底记得：那个爱你的人，他正翻山越岭在来的路上，他正在一步步向你靠近，而你现在要做的，就是用最好的姿态去生活，去等待。

他来时，会让你明白，为什么会和其他人跌跌撞撞没有结果，为什么你一个人孤单落寞。他会弥补你所有的遗憾，他会理解你所有的痛楚，并且听你倾诉心事。他会给你所有你想要的心疼和柔软。他会和你牵手，直至一生。

幸福都是因人而异，所以不要总以为别人的东西总是好的，别人的爱情为何总是如此甜蜜……你也要相信，自己就是他人眼中的那个别人，那个命中注定的人，正在来的路上，你不要颓废，也不要悲伤。

　　不管你在哪里，在干什么，过着怎样的生活，单身还是被单身，总有一天，他会穿越汹涌的人海，走向你，抓紧你。

爱情没有谁对谁错

爱的路上，没有谁对谁错，只有谁爱谁，谁不爱谁。爱之深，恨之切。因为爱，所以恨；因为恨，所以执念难消。由爱生恨，最后都是苦了自己。

其实，贵与贱，爱与恨，不过在人的一念之间。如果你喜欢，那么他们就是手心眸底璀璨生辉的珍宝；如果你无视，他们便是路边泥中肮脏不堪的顽石。如所谓爱情，如所谓至亲，如所谓海枯石烂天长地久……

尽管过去了很多年，那个画面还是会不时地出现在我的脑海。在下着雪的冬天，一个女孩儿挽着母亲的手，像是和她一起走到了生命的尽头。

那是在多年前，一个女孩儿跟我的一次倾诉。

她说，那天挽着母亲的胳膊在下着雪的冬天走在回家的路上，她回来悄悄地写下日记，如果可以一直挽着母亲的手走下去，没有爱情也无妨。她有多爱她的母亲，可能无法与旁人道，她只是觉得可以挽着母亲走路，就已经幸福至极。

她说，我真的很想拥有一个母亲，一个跟天下诸多的平凡的母亲一样待自己孩子的母亲。她可以没有钱财，也可以没有美貌，但是她可以跟其他的母亲一样朴素而伟大。她们之间没有争吵，没有反目。在她到母亲身边的时候，可以吃她做的饭，喝一碗她做的热汤。她无依无靠的时候，能给她打个电话，撒撒娇。

在她很小的时候，父亲便跟她的母亲分开了，她成长的岁月里记不起一张关于母亲清晰的画面。在她少不更事的时候，她还能够跟她的母亲争吵，还能够抗争与原谅。但是如今她长大成熟，已经没了那样的勇气与力量，去抵挡那般强烈的伤害，那般强烈的恐慌与绝望。

每当因为得不到他人的关怀而伤心欲绝的时候，她就告诉自己：你不应该奢望从别人那里索取爱，哪怕是父母，你已经长大，你要学会自己爱自己。

但在她成长的生命里，何曾得到过被疼爱的温暖呢。现在她长大了，那很多年前呢，很久很久以前呢，为什么她依然两手空空，一无所有。一个孩子，应该要有多坚强，才能脱离父母的搀扶，颤抖着站立起来。

当她说这些话的时候，声音几乎是颤抖的。

见到母亲的时候，她十五岁，在B城。从此以后每次她途径B城的时候，都会下意识地望向母亲曾经站在那向她挥手的地方。就是在那儿，她生平第一次见到了母亲。

生活真的很会捉弄人，有的时候，你以为你的奋不顾身是为了得到难以泯灭的爱；但它带给你的，不过是清醒的伤害。如果你已经做好承受的准备，那么不管是哪一个，对你来说都不难。但她没有做好准备，她希望被爱。在她的母亲面前，她永远拥有这样的渴望，渴望她的母亲能够清醒，渴望她的母亲爱她。

受到母亲冷落的时候，她悲伤、痛苦、压抑、失落。这种悲伤影响了她整个青春时光。在本该茁壮成长的年纪里，她伤痕累累。

我不知道该以什么样的心态来看待她的故事，但是希望在这些不太明媚的故事之后，我们还能记得她最初的表达："她不爱我，我也要活；她不爱我，我也要走自己的路。"

当她战胜了那曾经让她痛不欲生的一切，虽然她仍然不知道未来在哪里，前方是否有曙光，也不知道哪条路是正确的，但她终于知道哪条路是不正确的。

她所做的不是恨，也不是怨，而是感谢。她说："感谢我爱的人，给予我如此残酷的成长。并不希望所有人都像我一样受伤。"

我不知道对一个人的感情要有多么强大，才可以超越爱情；我也不知道一个人的内心要经受怎样的磨炼与成长，才会对残酷与无情说声谢谢。

只愿，我们能够像她一样，不管曾经承受了多少无法言说的苦痛，都还能站起来做我们自己。它不会妨碍我们成为自己想成为的人，它让我们觉得这并不是完全不幸。

在人生中正是这样不悔的爱，给予了我们不为荣华而渴慕，不为贫困而恐惧，以及想要勇敢坚韧去走自己的路的心灵。

一个人也可以过得很好

一个人听歌，一个人走路，一个人睡觉，一个人难过，一个人开心；一个人自言自语，一个人自哼自唱，一个人等待月落晨起，一个人走过风风雨雨；一个人的生活或许很寂寞，很孤单。但其实，一个人也很自在，很开心，很快乐。

即使有一点点无聊和寂寞，但是游走在自己的街道上，什么都可以无所谓，没有任何束缚。

即使很多人都在疑惑，你为什么始终没有告别一个人的孤寂时光。

我们都以为自己长大成熟之后，会恋爱、结婚、生子，像大多数人那样顺理成章地生活。但是生活并不如我们想象的那般模样，有人走这样的路，有人走那样的路，各不相同。

身边有一个特别漂亮的姑娘，一直坚持独身主义，不结婚。所有的人都以为她疯了，精神有问题，但只有她自己知道，她一个人的生活很好。

我们聚会的时候，大家都挽着自己的男女朋友来，只有她是一个人。晚上吃饭的时候，我坐在她的旁边，我问她，你长得那么漂亮，家境也很好，为什么要一直一个人呢？

她说，如果我是一个人，可以想哭就哭，想笑就笑。我可以一整天不说话，可以懒猪般睡到日晒三竿。你觉得有几个男人能够容忍你跟他在一起无缘由地沉默一整天，或者嫁进他们家的门，每天还睡到日上三竿的？我并不是非要不说话，或者那么懒惰，我只是不想失去自由，不想失去随心所欲的权利，活得干净利落。

你们愿意为爱失去自由，所以你们能够两个人在一起，而我的自由胜过了爱情，我宁愿选择一个人生活，又有什么不好、不对呢？

尽管我不是一个独身主义者，但是听她说这些话的时候，我选择了肯定。就像人们说的那样，一个人久了，会上瘾的。我想她就是如此吧。

我想，一个决心独自生活并且过得很好的人，是远远胜过那些如胶似漆矢志不渝的两个人的。

人生何处是归宿

有一段时间，和几个朋友吃完饭，就在一起讨论归宿的问题。

归宿，对于每个女孩儿来说都是一件很严肃也值得期盼的事情。我们都在分析与自己喜欢的人能否走到以后，即使在一起好几年，或者几个月，或者素未谋面。你会发现所有推测都出现一种结果：不确定与未知。

记得朋友曾经说过，如果你爱了，没有必要去计较结果，就像遥远的未来一样，谁都不能给你确定的答案。后来仔细想想她说的是对的，却是让人恐慌的。爱的时候，谁不想要一个结果呢。

而更多时候是没有根的，我们的身体和灵魂都随着命运四处漂流。我们总是这样想，一旦遇见自己深爱的人，我们一定会用尽全力依附，能让我们深爱着的那个人，便一定是我们的归宿。

但是人生的路还那么长，一切都还是未知。

关于我们，现在所做的一切都只像个起点，包括感情、生活、梦想。未来还有很长很长的路要走，无法知道谁能陪自己走到最后。一路上有再遇见，也有再消失。当我们无法找到一个很好的解释时，我们或许只能把这一切归结于缘分或命运。如若有缘，或许某一天我们还会再遇见；如若没有，那便咫尺天涯。

因为长久的寻觅和等待，我们经常会怀疑自己：为什么没有人来肯定我，而我又为什么不去争取，尝试打开心扉，让别人走进来。我们就这样处于一个孤高又卑微的状态中，一边觉得自己无与伦比，一边害怕自己一无所有。

因为害怕，所以我们用更多的时间去预备，养精蓄锐，去迎接一个对的人。因为他们说，上天是公平的，它一定会派一个对的人来爱你，如果你还没有等到他，不要心急，而是在等待的岁月里，完善自己，以最好的姿态迎接他的来临。所以，当我们软弱，想要妥协的时候，我们便用这样的话语来激励自己。再等等，再等等。

慢慢地，我们把等待之外的时间，用来热爱其他的东西，让自己更加优秀。但不知不觉中，可能等待与热爱的天平倾斜了，我们更在乎自己的精神世界，自身的完美程度，而开始忽略所谓等待的那个对的人了。

所以当一个人来临的时候，我们增加了更多去审视他的砝码，慢慢地，仍旧孤身一人的时候，我们会觉得归宿是一个理想的天国，它是梦幻的，是不存在的。

归宿成为别人的事情，马路上别人紧握的双手，橱窗里美丽的婚纱照，玻璃房子里面欢乐的一家人。自己慢慢成为孤独的旁观者。

但幸好，我们的心是柔软的，会一直渴望着爱与被爱。不管我们如何孤独冷漠，我们总还是会被各种各样的爱情而感动。所以，没有麻痹的心，在那个对的人来临的时候，它依然还会热泪盈眶地迎接。

快乐的时光留不住，悲伤的时光也会过去

张爱玲曾经说过：忘记一段感情的最好方法就是时间和新欢。如果时间和新欢也不能让你忘记一段美好的感情，那么原因只有一个，时间不够长，新欢不够好。

或许是你爱她，但是她没有接受你；或许是你们早已分手，但是你没办法忘记心底的那个人，去重新爱上别人；或许是你喜欢她，但是她心里却已经有了喜欢的人；或许你们彼此都有感觉，但是错过了相遇的时间。

记得见L的时候，她已经分手近两年。她说，小苏，你知道吗？虽然说时间可以淡忘一切，但如果你还爱着一个人，怎么都忘不了，除非你有朝一日不爱他了，自然就忘了。

因为想要忘记，你要想办法让自己不再爱他。或者尽量不去回忆两个人曾经的场景，不再做以前你们经常做的事情，跟朋友

一起去玩，一起疯一起闹，或者出去旅行。

这是一个长久而又煎熬的过程，或许因为一个像他的身影，或者是听见一首曾经跟他一起听过的歌，又或者只是一个场景，都让你即使在大街上也会不顾众人眼光，号啕痛哭。

她说的时候，依然热泪盈眶。我知道，她还爱着。

刘墉说："亲情，友情，最终都代替不了男女之间的恋情。"

爱，的确是无处不在的，但快乐的时光留不住，悲伤的时光也会过去，只要你不去怀念，不活在回忆里，一段感情的结束也许就是另一个新的开始。但如果那个人是你相爱至深，无法磨灭的爱人，就让他安静地躺在回忆里吧，别为了忘记而忘记，曾经有过的美好，不值得你怀念吗？

不要试图刻意去忘记一个人，越是刻意越是记得清楚。如果你真的想要忘记一个人，也要学会放弃一些东西，让你的心放开，勇敢面对，告诉自己那些都已经是过去了。人非草木，这世间没有忘情水，也没有能消除回忆的药，在漫长的生活里你一定会偶尔想起以前曾深爱过的人，这不可避免，让一切顺其自然，时间会洗涤一切。

时间会让深的更深，浅的更浅，如果时间没有让你忘记那个人，那一定是有你无法割舍的回忆，请把过去的爱深深藏在你的心底吧。别再一个人孤零零地走在街头，别再一个人彻夜不眠地折磨自己。当一段感情，不能给你带来喜悦和快乐，而只剩下痛苦和折磨时，或许就是应该放手的时候。

交给流年，或者寻找新欢。

当爱着的时候，要相信爱情的忠贞不渝；当散了的时候，要明白爱情并不只在一个人身上发生。

去喜欢一个人吧，去跟他一起逛街、吃饭、牵手、旅行，去跟他一起做之前做过的以及还没有做过的事情，跟他结婚，组成一个家庭。

当我们一无所有

是不是你也有一个不敢去正视的人，只是因为你觉得不比他差多少，但是他已经比你好了千万倍。

你一定是下过决心，有一天要超越他，以自己的方式。但是当你长久地选择忽视和逃避，突然有一天你会发现，那个曾经的相似，已经变成不可一世。

我无法说任何安慰你的话，因为我自己也活得一塌糊涂。我没有出过一本像样的书，也没有多少钱来买别墅。

偶尔觉得自己有着信仰和追求，却还是那么忧伤痛苦。所以，我无权安慰，更无权告诫。

知道为什么不一样吗？是因为，你一直以为自己想要的是一个苹果，而他一直想要的是一片森林。当他得到森林的时候，你却还没有摘到苹果。那个时候你又想，是不是你要的也是森林？这样，是不是有一点晚。即使从此你每天三点睡觉，五点起床，我们追不上的不是地位，而是时光。

看到他闪闪发光的时候，你还会记得当初你们的想法和追求是一模一样吗？

是不是在最初我们就应该想好，该怎么走，要什么东西。这样想的好处是，即使多年后，那个曾经远不如你的人过上了比你好千倍万倍的日子，你也不会羡慕嫉妒恨，也不会悔不当初。也还会坚定自己最初的选择，以及最终想要的未来。

不知道为什么他人的繁华总是那么容易，而自己的光荣总是那么坎坷。

当你们再见面的时候，你哭了，哭得放肆而决绝。最令人痛心的不是多年后的遥不可及，也不是多年后的无法比拟。而是在你波澜不惊的生活里，他突然出现，闯进你的心房。这已经不是全身没有一件名牌，月薪没有过万那么简单。那是尊严的破碎，尊严没了，一切也都不复存在。

你无法像他一样去表达，也无法像他一样去爱。你忽然不知为什么，当初选择了苹果。不知道为什么决绝的选择没有给自己带来成功，反而有了更多的苦痛折磨。

真的，坚持到底是多么困难的一件事情。它不仅在于你要说服、鼓励自己，而且还在于你要猛烈地成长。

还有他人，还有人群，还有那个曾与你并肩，后来高高在上的他。

他是谁，还重要吗?

重要的是你是谁，曾经是谁，现在又是谁。曾经渴望什么，现在呢。

下次相见的时候不要再哭，凌晨再看见他成功的消息时，不再难过。这才是最要紧的事。

不管怎样，无论如何，好好爱自己

说一个真实的故事，发生在我的身边。一个女人，因为自己的男人不爱自己，整日出去花天酒地，过得悲伤和压抑。

她经常会想到死。因为她觉得把自己的青春、爱，一切都给了男人，而男人却看也不看就扔掉了。

曾经为了得到她，男人使尽招数，说过太多花言巧语。而现在，男人连欺骗她的话都懒得说，直接当着她的面给其他女人打电话，言语暧昧。

她哭过、闹过、打过，都无济于事。

她开始夜夜失眠，觉得自己就要疯了。她每天都猜忌男人在跟哪个女人打电话，说了什么。她偷偷查看男人的手机，往来电话与短信，心都碎了。男人那些无情的话，恶心的甜言蜜语，让她无比绝望。

她不明白这个曾视她如命的人，为何现在这样对待自己。她恨，绝望，发狂。她每天活在冰冷的世界里，不想吃饭，不想睡觉，也不想做任何事情。

她活在男人有一天可以回头、可以认错的渴望里，期盼而绝望着。但是男人不但没有悔改，反而更加肆无忌惮，完全无视她的存在。

她不敢出门，也不敢与别人交流，她怕别人知道，更怕别人瞧不起。她越来越堕落，无望。她不知道人生的希望在哪里。尽管她如此绝望，却还是期盼着男人回头。

爱情是一件玄之又玄的东西。也许你会说，是你，你肯定会离开那个男人，与他一刀两断。但是世间还有这样一种爱存在，就是不管他如何伤害你，你还是爱他。或许这才是爱情最崇高的美。

爱一个人，最终的壮美，并不是在他爱你的时候你有多爱他，而是在他不爱你甚至伤害你的时候，你还爱不爱他，有没有勇气离开他。

但是当哭泣、乞求、等待、渴望都无济于事的时候，是不是应该不再那么沉沦于它。如果你真的无法割舍，但起码从明天起你要试着爱自己。

如果无论怎样他都无法回头，你要过好自己的日子。如果有一天你好起来，也许他会回来。也许那个时候，你对他回头与否已经不在乎了。

不管发生什么，我们都要好好爱自己，不是吗?

一个人这一生其实只能为自己而活，你帮不了任何人，任何人也帮不了你。别人如何对待你，都是外力，是无法控制的事情，而你自己如何对待自己，主动权则掌握在你自己的手里。连你都放弃了自己，那么还有谁会爱你。

这世间没有任何人值得我们每日愁眉不展，也没有任何事情值得我们天天以泪洗面。真正伤害我们的往往不是别人，而是已经放弃了的自己。

我们不会因为失去一件东西而天塌地陷，只要还活着，我们仍有很多事情需要承受和面对。一个男人他不爱你了，并不是你崩溃放弃的理由，因为在这一生中，他并不是你的所有。

你还有亲人，还有未来，还有自己。你可以爱他，但是也别忘记了好好爱自己。

或许一些事情在你选择爱自己的时候，它会变得很淡，不再让你撕心裂肺，号啕大哭。它就像无数晴天里的一场毛毛雨，下过，但很快销声匿迹。

都说会笑的人，运气一定不会太坏；会好好爱自己的人，人生也一定不会太差。不管怎样，无论如何，好好爱自己。

你是不是真正的快乐

每个人都缺乏什么，我们才会瞬间就不快乐。

很多时候，觉得自己已经很勇敢了，简单地生活，快乐地做事情；很多时候，也觉得自己已经竭尽全力了，该忘记的都忘记了，该爱的一个也没有少。但是当生活这个七彩球砸向我们的时候，为什么，我们还是会难过。

一个朋友跟在一起很多年的女朋友分开了，他一直是一个很快乐的人，从小到大，他一直想着，如果自己能够遇到一个真正爱自己、自己也爱的人，他一定会爱护她、保护她，开心快乐地过一辈子。他始终相信爱情，不管看过了多少次背叛。

当他遇见这个女朋友的时候，他决定把一切都给她。但是这世间从来不公平，付出与得到也很难成正比。他们分开了，在他还是那么爱着她的时候。分手的理由很可笑，他女朋友觉得他太爱自己了。

我讨厌男人酗酒，但是如果他想大醉一场，我愿意陪他。但他没有。一个平时嘻嘻哈哈阳光明媚的大男孩儿，突然变得沉默寡言，毫无生气，我不知道他的内心承受了多么大的痛苦。

他辞掉了工作，选择去旅行。一个人。他说，他只是想在路上寻找到最初那个阳光的自己。如果回得来，说明还可以爱；如果回不来，就再不爱了。

爱情是什么，谁能给一个好的定义呢？一如快乐，也是一样。它们永远行驶在路上，没有准则，也没有模板。

曾经我以为快乐就是一个人生来简单，生活得自然，缺少烦恼；一个女孩儿有完整的家庭，美好的爱情，积极勇敢。我以为，快乐是与生俱来，是自身携带的。我以为，简单就是不经世事，没看过沧海桑田。

那个时候，我想，我再也不能做一个简单快乐的人了。因为我经历了伤痛与无尽的寒冷。

后来分手的他旅行回来了。我们见面。他变黑了，瘦了，但是成熟了，好似比从前还阳光明媚。他举着左手给我看，他说，那些难挨的日子，就像这手腕上的线一样，已经渐渐消失了。他笑着的脸，是我见过的最帅气的一张脸。

那个时候，我想，曾经我以为经历了人生的挫伤就再也无法做回简单的自己，这个想法其实不对，我自己不也正在尝试着去做一个简单而快乐的人吗？尽管心底波涛汹涌，尽管血液里暗潮涌动。

生活坍塌了吗，还是我已经迷失了自我呢？谁能说我的每一次微笑，不是真的；谁又能说，我说的每一句都是假的，我的坦率和直接是虚伪的，我的善良和包容是做作的。

那是一种怎样的伤痛呢，或许用伤痛来形容它已经不再合适。它仅仅是绝望，绝望得想死。它与希望每天都在对抗，它们分布于白天和夜晚，每一个夜晚都在无尽地受折磨和抗争，那种揪心的、滚烫的煎熬，好像，哪一夜没有抵抗得了，就会死于非命。但只要黎明会来，白天一定是快乐着的，充满热情和希望。

是岁月对吗，是它让我们知道了，什么才是真正的快乐。是它，让我们学会了，做一个真正快乐的人。是它让我们明白，真正快乐简单的人，并不是毫无经历像一张白纸，而是一个经历了悲伤和忧愁、孤单和寂寞，最后选择了简单生活的人。

那，你是真正快乐的吗？

他爱不爱你，只有你自己知道

平日里总会听见有人问起："他是不是好人？""她是不是喜欢我？""他是不是在骗我？"

因为听见了一些流言蜚语，总不免担惊受怕。自己当初付出的真心真意，是不是太傻太痴？是不是在别人眼里不过是一场戏，而自己当作了刻骨铭心。

去年看了一场《张爱玲》，剧里，她天真烂漫，优容大度。高中的时候，父亲要我买了一本张爱玲全集，我记得父亲一夜便把一本全集读完了，并勾勾画画很多精彩的地方。我则是看了很久，《倾城之恋》《怨女》……

很多时候，只有当我们接触了很多人之后，才能明白，我们心里最中意的是哪一个，心底最喜欢的是谁。读书也是一样。书读得多了，自然有很多是不记得的，包括作者，还有他的作品。但如果你记得谁，并且非常深刻，说明你是钟爱他的。我一直记得《倾城之恋》，并且记得里面的敢于争取自己的爱情的白流苏，还有男主人公——柳原。我很少记得一些作品，并且记得小说里面主人公的名字，这些记忆让我自己都诧异。或许，由此来说，我也是偏爱张爱玲的。

张爱玲与胡兰成，很多人都觉得张爱玲爱得痴傻，胡兰成薄情甚至无情无义。他一生不仅多情，且无耻。他将与张爱玲在一起的细枝末节都写进了《今生今世》里。那对于张爱玲来说极为珍贵且不想与人知的情感，全都让这个"负心人"抖落与世人了。所以，她才说，一生都鄙夷胡兰成。

但在她看透了、伤透了之后，她还是将最后的一笔钱，三十万的剧本费，寄给了胡兰成。她真是痴傻吗？她只是爱得彻底，惊天动地罢了。

我读过一篇胡兰成给张爱玲写的信：《我身在忘川》。只这一封信，我就谅解了胡兰成。我相信他爱她并不比她少。而张爱玲也是知道的，所以她才爱以倾城、恨以倾城。

世间所有的情感，应都是这样的：毋管他人如何说三道四，左右摇摆你的心思，是真是假，是爱是骗，只有你自己心里有答案。

只是在岁月长河的洗练之后，我们经常忘记了，自己就是捍卫命运的王。中学的时候，我就跟一个女孩子说，你不要管其他人怎么说，怎么想，你要自己去感知。你觉得他是喜欢你的，他就是喜欢你的，你觉得他是假的，那就是假的。直到今天，我依然这样想。真真假假，不要去问别人，只问自己的心。

那时，你的内心会告诉你，值得吗？忘记，还是怀念？爱还是恨？天地鸿蒙还是心如止水……它会将一切答案都告诉你。

那时，我们会理解这世间所有的痴男怨女。抓住这欺骗里裹藏的一丝真心实意，一生一世，谁又能去评判值得与不值得呢？

"三生石，三生路，三世情缘尘归土"……

如一些旧人，早已断了情，绝了路，面目全非。在这滚滚红尘中，若他日再见，是忘还是念，只有你知，我知。

爱一个人，会改变你的生活态度

《来自星星的你》里，古代的小千为都敏俊挡箭死去的时候，说："在没有遇见你之前，我的生活里都是抱怨和气馁，在遇见你之后，我突然开始思念未来了，开始想恳切地生活。"

我想，这便是真正的爱情吧。又或许这并不是仅仅能用爱来衡量的。在没有遇见那个人之前，我们孤单、寂寞，我们深受折磨，乃至绝望。但是遇见了一个人，一切都改变了。我们想好好地活着，充满希望与快乐地活着。

如果你一直不敢爱，那么就等待遇见这样一个人吧。这样一个人他会改变你生活的态度，还有以往寒冷的内心。

一如小千一样，就这样去喜欢一个人，让你变得快乐起来。不一定非要有浪漫的追求，开心的旅行，只要你们心心相印。这种感觉会改变你们的心态。当有那么一个人，不用开口说话，只要彼此相望，就能感到温暖，这是多么幸福的事情。

我一直相信，爱情可以改变人生，因为这人世间最动人的莫过于爱。人们形形色色，敢爱敢恨。人们因此而无悔地付出，无怨地追逐。人们因为爱而冒险，因为爱而勇敢。

你甚至不用去管那个人喜不喜欢你，只要去勇敢地喜欢就好。就像柯景腾说的那样："我也喜欢那个时候喜欢着你的我。"你会发现，当你心里存在一个人的时候，自己不那么孤单，也不那么寂寞。

做什么事情你都会想到他，哪怕没有任何回应。等时间久了，你蓦然回首的时候，会发现，心里藏着一个人的日子，是那么丰盈，满足。而如果有一天你将那个人遗忘的时候，你会发现，你的生活，是那么虚空。

随着年龄、知识、阅历的增长，对于我们来说，已经很难随随便便再遇见爱情。我们很难再有一不小心就碰见的爱情，一见面就忠贞不渝的爱恋。因为成长，我们有了自己的人生观、价值观、爱情观，在一个人外在条件符合的情况下，我们还会去发掘他的生活品质、个人素养等方面。或许只是因为他的一个小举动，我们便会容忍不了跟他继续交往。

曾经我遇见过一个男孩子，各方面都很好，唯独一件事情让我觉得无法接受——两个人出去点菜吃饭的时候，他点的永远不是我爱吃的。这件事情让我耿耿于怀，后来两人无疾而终。

你可以说这是我太过矫情，但我愿意坚守我的原则。因为我始终相信，跟自己合得来的人，两个人的喜好大多时候也是相同的。一个人口味上跟你大相径庭，他的性格以及为人处事，多半也会跟你有很大不同。

就是这样，我们希望一个人不仅与我们生活习惯吻合，还要心灵相通。哪怕只差一点，我们都无法接受和妥协。因为我们想到的总是一生。

如果可以，去喜欢那样一个人吧。如果你正当青春年少，就简单地去喜欢；如果你经历苦痛，就去喜欢那个让你想要恳切生活的人。让日子充实起来，也让自己明媚起来。爱情，它真的是一剂充满魔力的药。

PART 2

你当然不平庸，你只是需要时间去成功

可以平凡，但别平庸

很多人都曾不停地叩问过自己的心，在经历现实击打之后自己是否能够放弃追求，是否能够对梦想不再坚持。人生可以平凡，却不能平庸，也许我终不能将梦想实现，但是我不能放弃追逐的脚步。

如果坚持自己的梦想，它便会融入灵魂，与我们的血肉合为一体，不管他人非议，不管生活折磨，不管世事无常，不管人心冷暖，都撕不去我们对梦想的这一渴望。

当你明确地向前走，大胆不移地走，你会发现所有的苦难都是必经的路途。做你自己的信徒，没有任何人能成为刽子手，也没有任何人能成为掌舵人，来改变你追逐梦想的方向，来改变人生尽头的最终目的地。

对于追求，如果我们总是选择去相信，有着自己明确的想法，就不会受到任何危言的影响和叨扰。

就像电影《我们是冠军》里面的那个乒乓球教练那样，他从小就喜欢打乒乓球，但是因为身高比例不符合标准，没有进体校。后来经过自己的努力，他到体校当了老师，但一直是陪练。脚受了伤之后，他来到那个小山村，培养孩子们打乒乓球。他们没有球拍，没有球台，也没有队服，甚至没有一双白球鞋，第一次参加比赛失利，回来后球队就被解散。

如果在那个时候他选择了彻底的放弃，那么他的人生将是一个彻底的悲剧吧，而他应该是反抗命运失败的产物吧。但是，他没有放弃，并且最后拿到了冠军。当他们打进半决赛，校长带着全村的人到球场上为他们助阵的时候，他们就已经赢了。

历经曲折所取得的成功，是比一帆风顺得到的收获更振奋人心的。它能让你体悟很多事情，明白很多事情。那个时候，我们再回首内心因失落所承受的折磨，不再觉得它是苦痛的，而是充实的。

所以，在追求的道路上，我们又有什么好畏惧的呢。

一个有着明确想法的人，会有自己的判断力。就像教练一样，他会去判断一个现象的好坏，一件事情的好坏，一个人人品的好坏。并且他会以正确的心态去接纳和吸收生活中的一切，取其精华，去其糟粕。

我们不要因为别人说你不适合文学创作，就放弃写作的道路；也不要因为别人说你没有音乐天赋，就放弃对音乐梦想的追求；不要因为他人的冷漠和不理解，放弃自己内心真正的渴望。除非你的梦想从来都不是真的。

就让自己积极且向上地去探索，简单且快乐地去生活吧。人生是属于自己的，我们不要为社会与流言所动摇、所影响。只要我们内心坚定，那些磨难不过都是通向成功的垫脚石，不过都是身为一个人活在这个世间所必经的历程。

所有发生过的一切，并不是最终的命运，也不是最终的旅途，真正的真实的路，在你的心间，在你的脚下。我们有韶光，有生命，我们就必将拥有自我。

坚定你的人生路，不怕晚也别怕输

生活是一个复杂的调味瓶，会随着时间、地点、人物的变换，有着不同的味道。

在大学的时候，一群人聚集在一起，学习、讨论、交流，总是能激起我们的斗志，让我们时刻想要奋进。但我们离开学校，失去这样的环境之后，我们的意志常常随着时间而变得薄弱。所以，才有这样一句话：跟比自己强大的人做朋友。

这种强大的朋友，他们一定是拥有了自己的人生信念，不管是什么行业，什么职位，他们心中一定有一个不变的追求。这种坚定不移的追求，让他们懂得了怎样去走自己的人生路，并且给予自己足够的力量去解决生活的苦痛，处理复杂的交际关系。

记得有一个非常优秀的朋友跟我说过，他说，当你有了自己的人生理想之后，你会发现，人生的方方面面都会有一个明确的答案。

或许有人很早就找到并拥有了这样一种理想，或许有更多的人很早就在追求的路上。或许有更多的人早就醒悟，或许有一些人从一开始就知道自己来与去的道路。但在羡慕、嫉妒的同时，我们也应该为自己庆幸。我们也同样找到了自己的前路。

虽然，我们不知道是否追赶得上前人的脚步，但我们庆幸自己知道要往哪儿走，从哪里开始，到哪里结束。

如果我们相信自己，那么一旦我们找到自己想要的目标，想走的路，是会比旁人走得真切、走得热烈的。所以我们别怕晚，也别怕输。

不管之后生活如何艰苦迷惘，都不要放弃，也不要迷失。如果迷惘了，便在彷徨中寻找，寻找那些遗失的、获得的以及在此之后明了的自我。

万事开头难，没有走过的路，一开始就不可能走得一路畅通。但是别怕走，别怕错，别怕艰辛。道路的中途是最难的，是最让人迷失的，在这样的时候，想一想自己曾感动的热泪，曾感受到的幸福与力量，想一想之后的漫漫人生路，如果就此放弃，是多么可怕，多么的毫无价值。

因为，失去了金钱与韶光，我们都还可以继续苟活，但我们如果没有了追求，那以后的路，还算是路吗？以后的人生，还算是人生吗？

不要难为自己

人生不如意十之八九，但也正因为人生有了很多的坎坎坷坷，才使我们找到了属于自己的那条路。

我们在黑暗中寻找光明，以至于把远处的一点亮光当成了救命的稻草，奋力奔去，却忽略了途中的荆棘。当伤痕累累地到达时，却发现那只是一盏孤灯，它的背后依然是无尽的黑暗。

爱了，痛了，明白了。哭了，累了，醒悟了。时间已过，不再回来。希望瞬间破灭，若不想放弃颓唐，那就必须在黑暗中继续摸索。

现实总是这么残酷，但是必须去经历。虽然我们都不知道这样烧心的痛楚感受会在生命里持续多久，是前半生，后半生，还是整个一生。只有在这样的时候，我们的心，才是真实的痛着的。胸口像是被人用力地夯了一锤，夯得又重又痛。

我们无法责怪他人，也无法怨怼生命。因为如果没有今日今时的苦楚，也一定不会有来日千般万般的幸福。这世间并不是我们简单地想象的样子，它复杂得多。

或许你以为自己披上了铠甲，拿好了刺刀，骑上了战马，做足了万全的准备，但殊不知，这世间还有更多更多的阻挠和伤害让你现有的准备无法承载。或许这就是痛苦的根源，能让人将心连根拔起。

如果可以，请别再提往日的伤痛，因为昨天的太阳晒不干今天的衣裳。再提起，不过是苦了自己，而泪水和绞痛都不能给你丝毫宽慰。我们要和所有人一样生活，一样苦乐，藏在心底的东西，就让它一直留在心底。

记得认识M的时候，他说："曾经我以为自己懂得很多，已经融入并了解生活。但是你信吗，总有一天，你也会同我一样遇见那么一个人，他将你现在所有的骄傲和自尊都打破，让你深深地知道自己其实一无所有。"

当他那么说的时候，我内心的痛楚便又来了，来得那么猛，那么烈。我相信有那么一个人，会突然地在某一天某一时刻，来打醒我。他或者是长者，或者是路人，或者是未来的自己。

是这样吧，生命中总是会不断出现一些M说的那种，不断提醒你，刺痛你。让你在匆忙的路上，慢慢懂得一些事情。而关于今后能否有个清清楚楚、真真切切的结果，我们谁都不能预知。只愿我们每日心向彼处，安魂度日。

毕竟，葡萄不是一日成熟，硕果也不是一日全都能收获，难为自己，倒不如同他人一样欢乐，静等岁月。只求心中黑白明晓，分辨善恶。有人懂就好，有人明白就好。

世间本就是一把双刃剑，有幸有苦，有利有害，我们自是权衡罢了。只是，这世间，你莫要给我们前路，否则我们会踏平所有艰难险阻！

总有一天你会成为你想成为的自己

记得小时候，我跟阿姨去外面买东西，看见一个非常漂亮的大姐姐。那个时候，我觉得她穿的衣服和鞋子、拿的包包以及行为举止，都非常好看。我很羡慕她，很想快一点长大，像她一样，有长长的头发和干脆利落的个性。

为此，我夜以继日地期盼，直到很多年后的今天。我已经过了二十五岁，性格张扬，特立独行。我想我变得比小时候看见的那个女孩儿更加成熟、更加特别。尽管我没有长发，也没有高跟鞋。

我拥有了自己成熟的想法，也拥有了其他人无法轻易改变的价值观。我学会怎么与别人相处，也学会怎么来表达自己。

但我们还想拥有他人的睿智，长大的权利。

前者就像我们想要橱窗里的名牌包包、马路上的名贵跑车一样，那是一种欲望的增长和叠加。在岁月里，我们都期盼自己能够拥有更多金钱和名誉。获得更多尊严和被人尊重的待遇。

但我们最终想要成为的人，应该是一个睿智的人，不是吗？在成长中，如何对待生活与他人，不骄不躁，不畏不惧；如何集宠爱与温暖于一身；如何更加自信，找到自己的人生目标和方向。这才是我们真正想要的成长。

慢慢地，这样的成长并没有像年岁一样，那么明显地赋予我们。今年我们二十岁，明年我们二十一岁。它在看似缓慢实则飞快流逝的岁月中，悄悄地为我们披上了外衣，教会了我们爱与成长。不知不觉间，我们学会了爱自己，学会了尊敬，学会了付出和给予。

不知不觉间，我们有了要好的朋友，也树立了不可化解的敌人。我们拥有了自己喜欢的事物，也失去了美丽曼妙的青春。

我们变得聪明伶俐，或者放肆大胆、或者温柔坚韧、或者勇敢前行、或者依偎他人身边。我们选择了各自的路途，拥有了各自的习性。我们会选择去爱不同的人，面对不同的结果。

只是在长大成熟后的今天，我不再像小时候那样去羡慕那个女孩子，我反而害怕这样的一种成长。飞快迅猛，让我手足无措。我们以为，个子高高的，身材瘦瘦的，长发飘飘的样子就好。我们没有想到过，时间会赋予我们更多更多其他的东西。

之前我们总以为，喜欢就是你喜欢我，我也喜欢你；总以为，爱情向来平等，没有一个人执着无悔地付出；总以为，孝顺就是常回家看看父母，开心就是每天简简单单地对待别人，获得同等的回报。

可我们不曾想，岁月在给我们带来美好和幸福的时候，还会带给我们无尽的离别和难过，难以想象的煎熬和伤害。最终这些经历和沧桑，让我们改变了最初渴望迅速成长的模样。但此时，岁月再也无法止住向前的脚步，以奔跑的方式贯穿我们的人生。

在无法停止的人生里，我们只能学着去选择和装饰它，如何让它更精彩，更加漂亮。它需要花费我们整整一生去学习，自我们真正成长的那天起。所以，不要急，你想要的岁月都会给你，而时间也会让你成为那个最想成为的自己。

只要我们坚定地走自己的路，敢于承担每一个选择，相信我们会活得简单快乐。至于那些看不清的是与非，猜不透的错与对，时间统统会把它揭晓。

我们都曾暗淡无光

我想每个人都经历过离职的日子。那些日子，仿佛是我们最浑噩的时候。很多事情，我们已经毫无办法将它想清楚。

从学校出来的我也换了好几份工作，每一次离开都让我受伤、成长。现在我终于有了那么一点时间用来矫情，用来反省。

做的每一件事情，终于没有必要去跟所有的人说清楚。只要自己在乎的人站在自己身旁就够了。在这样一次次的站队里，在这样一次次左左右右里，深刻体会到爱的人才越来越爱，不爱的人才越来越远。

曾经为了工作放弃了学习，现在如果没有了工作，我可能也没有了学习的那股冲动。因为我被时间这把锋利的刀刺伤了，所有爱的、恨的。

真的很感谢我的朋友，让我不孤单，在我心情最低落的时候。感谢他们，让我懂得了幸福其实很简单，简单到我无需爬得太高，看得太远，就唾手可得。

让我在某一个时间、地点，心里的暖与冷交替着，告诉自己，我很孤寂，也幸福，平凡。

曾经为了依赖，我总是去霸占，如今我学会了柔软。对于我内心里缺少的，也许今生补不齐了。这一生的缺憾，是谁也弥补不了的。一开始就注定了的，没让我选，也没等我选。

所以，世界既然这样来了，我就来对付这样的世界好了。

这并不是在勉强和伪装。生命本就造就了两个不同的我。一个坚韧，一个柔弱。我应该好好来安排他们，哪一个什么时候该出现，哪一个什么时候该隐藏。

我相信坚韧是装不出来的，也相信柔弱是无法替代的。

所以，面对破碎，我是那么坚韧；面对柔软的伤感，我是那么脆弱。为一张脸，一个表情，泪流满面。

因为我发现了每个角落，每件事情，都是有爱的。所以我爱这个世界。即使它疯狂对我，即使我一次次被它欺辱而跌倒。

因为什么，我们想要活得漂亮

每个人都想活得与众不同，不管他贫穷还是富有，平凡还是卓越。而这一动机，都有一个深藏在内心的理由。

每次回老家，还未到家中，路上便有想哭的冲动。不是因为想念，或是离亲人越来越近，而是，越来越切实地感受到所爱的人的生活。

他们生活的不易与苍老。

我想这世界上是没什么有比看着爱的人屈尊于人更让人心酸的了。

你还记得吗？那年，因为你打破了邻居家的玻璃，你母亲为了你去别人家低三下四道歉的情形。

你还记得吗？小时候参加家长会的时候，你的父母因为看到同班同学的父母是当官的，极尽恭维，强颜欢笑地跟对方打招呼的情景。

你父亲因为学费，去朋友家借钱时候的样子；你母亲因为你想学钢琴，在外面辛苦挣钱，又去央求钢琴老师的样子…

也许你都不记得了，因为我也时常想不起。那些往事已经非常久远，近似于消失在我们的记忆里。

但是我记得，父亲年轻的时候，喝醉了酒，哭泣的样子；记得，他每一次带我去市作协，与人小心翼翼打交道的样子；记得爷爷去世时，他在众人面前跪下的情景；记得他为了我的前途，一大早领着我坐车去市里请老朋友吃饭的场景……

只有在那样的时候，我这一生最爱的伟大的宽厚的男人，变得脆弱而渺小，让我想要用瘦弱的身体去保护。那个时候，我会下定决心，要好好生活，要活得漂亮，只为让他不再低头。

但是，我什么也不会跟他说，仍旧陪着他坐车回来。困了，就靠在他的肩膀上，睡一小会儿。

这或许是我最初想要不一样的缘由。然后才是我的理想，我的梦，我的爱情，我的归宿。

其实，每次我很害怕，在我回家时，父亲就会带着我跟他的朋友吃饭。这无疑说明，我还不够好，我还不够活得漂亮，我还要他保护，我还要他因我而弯腰。

所以，想活得漂亮些。让我爱的人，只为了我。而这种漂亮，就是需要作为一个人，付出无止境的隐忍和汗水，经过无数恸哭的夜晚……然后，在某一天的某个时刻，告诉父亲：我看到了光明！

让自己先做个碌碌无为的人

我们无法和生活较真，因为当我们认真起来的时候，心多半会隐隐作痛。

虽然骨子里我们并不甘愿忙忙碌碌，成为碌碌无为的人，但往往是生活选择了我们，而不是我们去选择怎样的生活。

在我没有找到人生的方向的时候，我也非常茫然失措，害怕认真地活着。

害怕到我不敢认真地去了解一个人、阅读一个作家的作品。我怕自己会被他戳穿心思，我怕自己会被他看透企图。

我渴望这样的痛楚，但又害怕这样的痛楚。毕竟如今并不是我喊痛的时候。若真到了时候，我一定毫不畏惧。

因为我知道，这样才是真正地活着，这样，才能真正地激发自我。

但是，现在的自己经常会感到疲惫。虽然我只有二十几岁，但脆弱的身体，让我无法拥有太多的精气神儿去做更多的事情。

要么平凡地生活，要么奋不顾身地追逐。

追逐是我渴望的，是我未曾停止的渴望。我渴望飞奔在追逐的路上……即便是死呢。

但是在我走进理想的坟墓之前，我应当好好活着，不是吗?

于是，慢慢地，我把自己先交给了生活。

在这样平凡、简单的生活里，我拥有简单、平凡的欢乐。我在其中去调节我疲乏的心态，去安抚我劳累的心灵。

我不作诗，不写字，不去读一本好书。因为我担心文字的温度会将我灼烧，烧得粉碎，烧成灰烬。

还是让自己先做个碌碌无为的人吧，让自己先这样做人，先这样疲乏而又简单、劳累而又平凡。

　　先让自己这样活着吧，不管他人还知道不知道，看透看不透，自己的心思，自己懂得。

　　毕竟，人生很长，我们是在一条迢迢大路上。而这条路，又会分出枝杈。让我们将所有的枝杈爬遍，让我们摸索清楚每一根枝杈来与去的道路。

你最想要的到底是什么

很多时候，生活就像是无数次从食堂买回来的饭菜一样，哽咽在喉，难以下咽。

那个时候，我们还在这个十几平方米的房间里每天努力地看着书，我们还在那个几十平方米的房间里认真地听着课，尽管我们有着比任何人都汹涌的充斥在心中的梦想，而与现实相比，它是那么遥远而又模糊不清。

我们在那里一直用同样的姿态去看着这个变幻的世界，还有走在路上的行人。他们可以向前，向左，向右，甚至向后，而我们却只能停留在这里，失去任何坐姿。我们在这里把自己的梦想凝聚成了无比巨大的珍贵之物，似乎任何人都敲不碎、砸不灭。别人带着梦想一路奔跑一路活，而我们只是为了心中的梦想而活。

我们规划着、描述着、构建着、幻想着，尽己所能地把它变得更加透明莹亮，光彩照人。因为我们自身被笼罩了，被环绕了，所以我们义无反顾，奋不顾身。似乎就是死，也死得其所。每日听不同的人用不同的表情叙述，有了不同的感受，而唯一可以确定的是自己更加坚定不移。多少次在空白的地方写下"加油"的字迹，多少次在虚无的内心里呼喊过向前走，毫不迟疑。

可是我们还在大风里，我们还在偏僻的山坳里。还在因为这个白日梦，日日哽咽。我们把所有的未知都交给了未来，但是不是一旦我们冲出去，被摧毁，我们便无的放矢。梦想都是这样被毁的吧，正如我们怀揣着美梦亲手打破美丽的恋情一样。

直到有一天，我们发现，每个人的美，生活的美。

但是我们还在为早餐喝牛奶还是豆浆发愁，还在为美学老师的义正辞严低头微笑，还在为睡午觉的时候被手机吵醒而困扰，还在每日殚精竭虑地害怕自己不够好，我们真的像是失去了清晰的眼睛，被世界困在一处。

我们还需要为即将来临的一切夜以继日地奋斗，那么你呢，是在口若悬河地笑谈生活，还是在低眉信手地经营人生？

哭过就好了

很多事情，开始都非常美好，但后来却需要努力才能回忆起这些美好，来维持慢慢演变的疲惫和厌倦。我一直很喜欢阿信的一句歌词："在坚持些什么，有时候我也不是太懂。"

一位前辈说让我记录每天发生的事情、接触的人，以后会有用。当我听见他这句话的时候，我才意识到，我的每一天都过得那么不同。

每一个人，每一件事，不重复地新鲜。但是很多时候我无力去写，哪怕用利益的皮鞭鞭打我，我也已经写不出那些想写的东西来了。

我忙完了手上所有的工作拥有一个缝隙的时候，我选择舒服地写字，只为了自己能够透明地生活。

因为工作受了委屈，那日我一个人偷偷跑到图书馆三层痛哭流涕。我也没有想太多，或许只是觉得太委屈，难以抑制。

因为上一次去图书馆的时候，发现三层是卖少儿书，人比较少，所以直接奔那里去了。那个时候我知道，不管多么坚韧独立的人，总会有这样痛哭流涕的时候。

从三岁长到七岁，不再为摔了一跤而放声大哭，但是会为了不会做的数学题而难过。从刚上大学到毕业，不会再为了那些考试的煎熬而彻夜难眠，但是会为了寻找一份满意的工作流浪街头。从一个小职员变成一个大领导的时候，不会再为了拿着微薄的工资而发愁，但是会为了一个大项目而眉头不展……

你总以为，明天就好了，明年又是新的一年；你总以为，你已经长大了，不再是十八岁，但是岁月却让你知道，一个阶段有一个阶段的困扰，一个位置有一个位置的忧伤。

在做得好的时候，你觉得一切都值得，这种值得足以战胜人情的冷漠，内心的痛楚，和理想的折磨。它战胜了我最畏惧的寒冷。在你跌倒了的时候，一切痛楚、冷漠、折磨蜂拥而来，会崩溃吗？会疯掉吗？会死去吗？真的，都不会。

因为已经踏进光亮的天堂，即使它突然失去了颜色，你也不会瞬间崩塌，推翻所有，堕落成一个恶魔。像是爱情、友情、亲情，即使肝肠寸断，但最终还是那些美好和庆幸占了上风。

也许以后，我还会恸哭，还会红着眼眶走在大街上。只是，我还是透明色，还是简单的，还是执守一个选择。

还一片属于自己的天空

每一个年轻人，都要经历从校园踏向社会的过程。那是一段鲁莽而冲动、寻找与迷惘的日子。

我们带着心中的理想和对生活的热爱、激情，勇敢地投进社会的洪流。我们犹如初生牛犊，到处横冲直撞。我们并不知道自己想要什么，但是往往知道自己不想要什么。我们不知道什么工作最适合自己；但是我们所做的工作，大都不是自己想做的。

喜欢画画的人，做了医学编辑；喜欢音乐的人，做了行政助理；喜欢新闻的人，做了网络小说；喜欢文学的人，做了媒体公关……

于是，因为不甘心，我们从一家公司跳槽到另一家公司。我们从北京的这一头，跑到那一头。我们为了找工作穿遍北京的大街小巷。

去过西直门的彩票公司，也去过德胜门的图书公司；去过三元桥的团购网站，也去过劲松的门户网站；去过十三号线的开心麻花剧组，也去过十号线的迅雷看看；去过四号线好几层楼的时尚公司，也去过上地只有四个人的小说网站……

或者是因为工资，或者是因为工作内容，或者是因为公司领导，或者是因为公司的名气，我们不断地辗转于不同的工作之中，只是想找到一个称心如意的工作环境。

在奔跑与忙碌之中，我们疲惫而又迷茫。那些刚从校园里携带的热情，像泄了气的气球。有些人放弃了，回家乡去了；有些人离开北京，去到另一个可以拥有一份安稳工作的城市；有些人继续在城市里晃荡，高不成低不就。

那些早在几个月前还说着毕业就回家很没出息的人，现今说着不同的话。"其实想想回家也挺好的，有车有房有工作，过得安稳舒适。""在北京不过是见多识广。""关键还在于你自己，究竟能否放下，或者究竟想要什么样的生活。"……

在我还是学生的时候，我也很瞧不起毕了业就卷着行李回家的人。我曾跟朋友说："正是因为你家里什么都有，才应该在外面放手一搏。即使拼败了，到时候回家也不晚。"

现在，虽然我不想离开北京这个城市，也不愿放弃我的梦想，但是我愿试着理解那些离开这里回到家乡，去往二三线城市的朋友们。

每个人对于生命和生活的渴望，并不一样。

当我前去山东看见刚毕业的同学要结婚的时候，我便理解了这一切。他们过着无忧无虑的生活，两个人的家不过几站公交站。有车，有房，有疼爱自己的父母，有相爱的人，这还不够吗？你又能因此笑话他们没有骨气，没有追求吗？

有一些人，找到了，坚持下来。有了一份好的工作，或是有了一个明确的方向。也或许是有了一颗不再浮躁的心。

原本以为不给五千绝对不干的工作，现在给三千也干着；原本以为不是自己喜欢的工作，现在也踏实干着；原本以为自己不喜欢的人，无论如何都不给他好脸色，现在也忍着；原来非常鄙视别人溜须拍马，如今自己偶尔也那么做。

我们不再看钱的多少，我们看的是上升的空间；我们不再看公司的大小，看的是能学到多少东西；我们不再看领导的好坏，知道"天下乌鸦一般黑"；我们不再计较同事的不真诚，知道商场即战场，少有好友。

我们大都是这样一路彷徨，走进这个现实的社会。虽然眼下还没有成功，但是在经历无数打击和挫败之后，也并没有失败。

现在想来，应该感谢生活。如果不是生活所迫，我们也许就会轻易地被打败，轻易地放弃了。那时候想的是，再不上班就吃不上饭，也交不起房租了。这些基本的生活条件，迫使我们无法懈怠，无法懒惰，无法放弃。于是我们拖着疲沓的身体，继续奔走。

幸而，我们年轻；幸而，我们有梦。或许这不过是人生必经的过程。

给理想一点时间

走在下班回家的路上，我经常会感到自己被一股莫名的力量压着、堵着，仿佛快要窒息了。

这股力量或许来自于我去了一趟某某大学，或许来自看见一些为理想奋斗的人们，或许来自于跟好朋友的谈话。

这让我多次感到痛楚，闷、堵、难以呼吸。我走在路上觉得自己从喉咙到心脏全被堵住了，被封死了。

我一直渴望而又不敢去看公司书架上那一排胡适全集，我不敢去阅读那个我所敬仰的人，不敢去领会其中的思想和艰辛。我曾跟一位老师说，我要成为胡适那样的人，那样热血的人。

但我是那么的矛盾，无法像其他人一样，马上去选择自己想要的生活。有时，我甚至惧怕安静下来看一本书。我害怕一种莫名的痛会来吞噬我，而胡适的此类书籍无疑就是划开我痛处的尖刀。

我不敢去放肆地触碰理想，我怕忘却，更怕它带来的苦楚。那种苦，犹如百爪挠心，让人手无足措，坐立不安，心烦意乱。

就像他人说的那样"给理想一点时间"吧。就像自己说过的那样，没有任何捷径地走下去。

路，自己不走过，别人如何说都是不信的；滋味，自己不亲自尝过，别人如何形容也是不懂的。

不信那曲折，也不懂那熬煎。

只是现今的自己是不愿去想的，怕会被苦难的火种燃烧，会被其粉碎。

一位长者说：现今浮躁的时代，真正的文学者、作家是少之又少。中国的作家不缺少才华，缺少的是一种风骨。庸俗的社会，造就了诸多庸俗的作家。

"你是一个有希望的青年。"他是这样对我说的。

一个追求真，追求文学之根本，游历文字生涯大半生的长者是这样评价我的。我并不感到高兴、愉快，反而更加痛心。

我不敢深想，因为思想的世界里，全是眼泪的海洋。

我不想比自己同行的伙伴先走上追求理想之路，我该怎么办。

我只是决心追赶，寂寞地追赶。我习惯了寂寞，是的，我早已习惯。

我经常想起那次在校园里的哭诉。自己是那么孤单，在梦想的路上，没有伙伴。

理想这东西是可怕的，一旦你让它冒出头来，它便拉拉扯扯越拽越多，越开越盛，犹如茂密森林，将你遮盖；犹如汹涌大海，将你吞没；犹如飞石狂沙，将你掩埋；犹如千斤重担，将你压扁；犹如毒品，就是毒品，让你费尽心思戒掉，却又一次次让你的每一根血管、每一个器官、每一次呼吸都想要得到。

是它让我知道，世上的毒品并非只有冰毒、吗啡、罂粟，还有一种毒品，叫理想。

我不知道该做些什么，只能够摆正自己的心态，只能更加努力认真地工作。

只要自己痛不至死，就一定还有明日。

不奢求其他，不奢求痛楚消减，不奢求苦楚消逝，因为我知道，只要我身不死，理想便不会死，而疼痛亦不死。

给自己一些消遣的时间

相信我们很多人，在开始工作和真正生活之后，只能从时间的夹缝之中去获取额外的快乐。

我们可能想去一个地方，已经想了很久，但是由于各种原因，让自己无法去到那里。就像我，一直很想去什刹海，这个念头，距今已经近一年。从去年夏天我在杂志社实习开始，便想要再去一次什刹海。至于为什么如此渴望去一个地方，我自己也不知道。

可能是想要获得一篇好的文字，也可能是想要它给予一份心灵的宁静。可能只是为了自我的放松，也可能是为了暂时的躲避。而现实却总是不如人愿，你没到那个地方的时候，你以为一旦到达会是无比喜悦的，或者感触颇多的，而当你真切地到了那里的时候，当你被连绵阴雨包围在它的怀抱里的时候，却最容易将自己的眼睛和心灵远远地迷失掉。

当我如愿以偿地走在什刹海的海岸上，天色渐昏，夜晚正在以慢爬的速度笼罩着海的脸庞。海的胸膛上，倒映着那些荧荧灯火。我只看到了风景，而没有其他心情。

去时，我跟朋友是从右侧小路进去的，进去之后，正巧是海边最为热闹的酒吧小道。我们先是在道路旁的小亭子中坐了一会儿。当我坐下来远望什刹海的时候，我觉得它并不能称为"海"，它不够壮阔，也没有大的波澜，但它颇为亲切，随和。

记得第一次来的时候，我巴巴地要去找一家名为"七月七日晴"的酒吧。那时候天色已晚，我们只好问路人。走在路上的一位阿姨见我问路，一把拉住我，"你们要去哪儿，过来我告诉你。"她的这一举动，我至今都是难忘的。她的这一拉，多少拉出了一些温情。

或许随着时间的变迁，北京这座城市的古老正在消失殆尽，一如记忆中那些美好的回忆，它们像什刹海一样，老北京的情调在变淡，酒吧和茶馆也不那么风韵十足，但总有这样或者那样的热心且给人以温情的人儿，让人心存感动。

话说回来，在生活之中，又有什么是能够长存的呢。

不管是来过还是没来过什刹海的人，只要一提到它，总是会说到这些热闹非凡的酒吧。而偏偏我跟朋友都是不知风趣的人，每每走过一个酒吧，有服务生过来强拉硬拽我们进去坐一坐的时候，我们不禁心生反感，且一脸严肃地疾步走掉。

我想我更喜欢这一汪水，及笼罩四周的黑夜。我更喜欢这荧荧灯火，及跟一个贴心的人儿沉默地走在这条热闹非凡的路上的感觉。

自我开始奔走于一个城市的大街小巷，过着朝九晚五的生活，我时常觉得自身在被生活撕裂着。于是，我边走，边寻找我不能从现实生活中清醒的原因：我为什么如此疲惫，为什么毫无斗志。

所以，我才想去远行，我才突然想来什刹海，才如此渴望再来一次这里。

去年来什刹海的时候，是学校五一放假。那个时候和两位同学一起，我们一路说笑，一路打闹。而今一位同学去了河南，一位同学回了老家。昨日远离我于他乡的朋友，今日反倒陪伴在我的身边。

在回来的路上，我心里想：不管生活如何对待我们，我们都要从容不迫地去应对。尤其是在我们迷路的时候，我们不妨给自己一些额外消遣的时间。在诸如什刹海这类地方走走路、散散心、谈谈理想。顺便找回一些欢快。

有理想，就有疼痛

　　一个人的心若是不能沉静下来，是无法去读懂一本好书的。尤其是面对有些枯燥乏味的理论作品，一些淳朴真实的乡土小说。如果不静下心来，你便一个字也读不进去；如果静下心来去读，你便会全身心地投入进去。

　　大概是大二那年，我读了贾平凹的《秦腔》，如今我已经不太记得其中的细节，关于疯子张引生、美丽的姑娘白雪、家大势大的夏家，以及贯穿全文的秦腔戏曲等等。之所以要提起它，是因为我无法忘记它带给我内心的触动。

　　生活中，我们经常会为伤感的爱情故事而流泪，然而，如果有一次，你掉了无关于爱情的眼泪，那么，它或许便是人生的一种成长。

　　书的最后，疯子张引生自残，夏天义被七里沟山体滑坡掩埋，众生悲惨命运淋漓尽显，让人心痛不已。尽管我没能记住里面所有的故事情节，但后来不管我走到哪里，都会向别人介绍这本书，希望他们会看。作为这本书的作者，我想他已经成功了。

贾平凹在写这本书时说："如果你慢慢去读，能理解我的迷茫和辛酸。"在我读完之后，深深地理解了其中的辛酸。

也许一本好的、影响你心灵的书，大概是这样的：在你读的时候，你感到千斤压顶，读完之后你如释重负。但心灵在虚空的同时，还会有一种沉重感。

它让你不自主地去联系并思考到自身，自己的人生与学识，自己的生活与未来。使你眼下的生活，起了些波澜，让你多少有些躁动的力量，想要加速往前。

而《秦腔》在我浑噩不知的大学生涯里，无疑是一本影响我心灵的书籍。一位长者曾说过："看对自己有用的书，胜过看些许无感的书。"当我们读得深了，读得静了，自然会体会到读书的幸福。

所以，在我们压抑苦楚的日子里，匆忙疲惫的生活中，抽些时间去读书吧。读书能够让你的心灵摇曳，读书能让你静下心来思考生活与人生。让自己尝试着流一次无关伤感爱情故事的眼泪，在以后别人问你喜欢看什么书的时候，能够脱口而出，不失颜面。

追究生活的本身，我们总是要多去增加一些知识，多去感受一些发自心底深处的感动，才能真正寻找到积极向上的心态，走上积极奋进的人生。

如果你读过《北方的河》，如果你像我一样体会到其中的意味，你一定会被感动、被震撼。它所表达的，是那样宏阔，那样热切，那般滚烫。让人感受到生命的倔强、顽强，也让人感受到生命的真实与根本。

读这本书的时候，我正在一家杂志社实习，那个时候，初进社会的我对于自身的追求以及未来的道路都十分迷惘。那时我也非常莽撞而有斗志，同书中的人儿一样，不怕跌撞，不惧坎坷，有着上刀山下火海的冲劲。

那些振奋人心的东西，现在想起来，依然会热泪盈眶。

每当自己独处的时候，心会经常因此而疼痛，双眼迷蒙。那藏在心底一直作祟的东西，一股脑儿地冒出来，热烈，急切。胸口像是被千斤大石压着，只想不顾一切地放声大哭。

因为内心拥有这种蛊，也许只是因为一本书，你就会感到前所未有的孤独，那种孤独，是那么苦，那么涩。会让你想把天、地、鬼、神都召唤出来，都从自己的体内拔出来，来陪同你一起尝尝这煎熬的滋味。

甚至会让你哭天抢地，号啕，嘶喊。会让你发觉，想要走自己的路，竟是这样难。想要坚持自己的追求，竟是如此孤独。

但也会告诉你，不要再害怕，不要因为害怕而不去碰触。因为这一切都是一个好的开始。

书真的是一个神奇的东西，所以很多伟人都说，如果你坚持每天读书，相信很多年以后，你会跟其他人有天壤之别。

我相信这句话不是戏言。或许读书就像是每天习惯了抽烟一样，烟最终会把肺染黑，而读书则会把你的灵魂点燃。

只愿我们都能用一颗坚定的心去感受生活的伟大、慈爱与尊严，一如《北方的河》中那个年轻奋斗的人，坚韧不拔地向生活挑战，向新的人生目标冲刺。

不要害怕一无所有，应该害怕的是别无所求

我们不要因为一无所有、一无所知，而不敢去触碰世界。

记忆里，好像是在读过一本《中国当代文学史》之后，我才开始看各种学术、理论著作。那个时候不仅看学术作品，还去阅读自己不太了解的国学作品。

《四书》《五经》在我手里已经近两年，也不过只看了《四书》，《五经》到目前碰都没碰。有时候没有读完的书，就像没有吃饱的饭，像没有吃尽兴好东西，总让你惦记。不管我后来看了什么书，只要一想起这本书，就特别地难受，顺不了胸膛里的那口气儿。

虽然我对国学一窍不通，甚至不知道什么是国学。但是我既然把书拿到手中，硬着头皮我也要看完它。我不想再吃不饱、吃不高兴，留一股气儿堵得我难受。

每当他人说到一些我不知道的东西时，我都心惊胆寒。我总是怕自己犯错，所以每每他人谈论时，我都默不发言，在一旁仔细听讲。然后将自己不懂不知不明白的全部记下来，回去把它弄个明白。

　　或许我这样的举措，完全暴露了我的虚荣要强的本性。另外，还有心存芥蒂，总是相信自己会接受别人任何窘迫的举动，而无法相信别人也是如此。

　　如果你不像我这样虚荣和软弱，不妨与他人大胆交谈，反而能知道得更快，明白得更多。

　　我偷偷去理解和认识那些我不知道的东西，而且越发觉得自己欠缺。起码在此之后，我觉得我是充实的。我在其中吸收养分，只要起作用，起到触动和改变，对我来说都是好的。我选择去挖掘，而不是逃避，一叶障目。

　　尽管，后来我变得更加自卑。发现了自己的渺小和卑微，恐慌至极。只是因为恐慌，我就更不敢停下来。我在想，世间那么多的东西在等着我去领悟，那么多人在拼命学习，上进，如果自己再停滞不前，恐怕在广阔天空下，自己连一席之地也没有了。

我倒并不害怕自己走得太慢，太辛苦，因为我一直记得那句话：无论你犯了多少错，或者你进步得有多慢，你都走在了那些不曾尝试的人的前面。

所以，不要害怕一无所有，应该害怕的是我们别无所求。

PART 3

谢谢那些人，曾经温暖过我们的人生

给你以温暖信任的人

2013年即将结束的时候，我跟Y重逢在京。我们已经认识整整七年。

在高中三年的生涯里，我们朝夕相伴，无话不谈。

后来，由于上大学，我们一个天南，一个地北。四年间，我们生活在不同的城市，过着不同的生活，很少见面也少有来往。有些事情就是这样，曾经你们朝夕相处，吃饭上课在一起，甚至放寒暑假也要去找对方。一旦分离，却渐渐地都不再联系了。但是这次与Y在北京相见，我反而更加坚定，他是我此生最值得信任的异性朋友。

高中时期，男孩子处在青春叛逆期，而女孩子对这个世界做着很多美梦。我也会幻想自己是韩剧的女主角，某一天上演灰姑娘与白马王子的故事。也常想象自己像小说中的主人公一样不顾一切地出走，在某个陌生的地方，机缘巧合走上明媚的人生路。

那个时候，我们爱把悲伤最大化，最好能让人一眼就看出你忧郁的眼神，你与别人不一样的特质。虽然，我不知道那时我的眼神是否忧郁，我是否真的给别人展现出忧郁而又独特的形象。但现在想起那真是一段幼稚而又天真快乐的时光。

那个时候，我跟Y几乎走遍我们那个小镇。我们经常从学校溜走，去河边或者马路上谈心。谈论家庭、理想、生活，以及过去、现在与未来。

记得高中老师曾说，高中认识的朋友，是最为珍贵的，是一辈子的，这值得让人去相信。记得那时，不管Y走到哪儿，认识了谁，他都要跟朋友们提起我。他说我是一个会写作的人，将来一定会成为一个大作家，不管遇见谁他都说我是一个多么多么特别的人。

我自知自己的文字生涯只是刚开始摸索而已，也无任何特别之处。Y因为有我这样一个朋友而骄傲，我也觉得三生有幸。甚至，很多时候我都在为了他的这一举动而奋力前行。

在我不幸的人生中，我能遇到一个生活中跟我合得来，精神世界里又能与我同在的人，不得不说这是上天对我的眷顾。

很多年过去了，我们没有一直生活在同一个城市里，但是我们依然活在彼此的生命中，我们依然无话不谈，依然知心。我相信，随着时间的流逝，我们会成为贴心的老友。如同那些长辈，从年轻时候相识，之后一直陪伴在自己生命里相交几十年的老友。

从北京回去之后，Y给我打电话。他说看得出来，我生活过得很艰难。这是此次再见到Y的第二次感动。

第一次是在我接到他的那天晚上，我带他跟同学去聚会。在KTV嘈杂的包厢里，他俯到我耳边说的那句"不再让你孤单"。

在艰难苦楚的岁月里，我多么庆幸自己有这样一位朋友，并与他重逢。能给予我贴心的问候，真实的温暖。往往正因为我们有这样的朋友，才不怕走漫漫人生路，才不怕人生路上的坎坷荆棘，不是吗？

我知道他终究要走，要离开我的道路，去过他自己的人生，世间哪有永恒的陪伴呢。Y打电话说，很敬佩我，在北京这样的城市里，坚持自己的梦想，对生活有这么大的勇气。只这一句，我便知道，我们终将殊途。

但是，仔细想来，人生终究是一场一个人的旅程，在我们马不停蹄地追求理想的路上，每个人都在孤单前行，终有一些人会靠近我们，又渐渐远离我们。他们有了自己的生活，有了自己的世界，好似与我们再无瓜葛。只是彼此曾惺惺相惜的心灵，应是不会因长途跋涉，而行将陌路。

所以，愿我们不要为离别和消逝而感伤。我们总还会在路上，重新遇到懂你、知你、给你以温暖和信任的人。

最重要的人一直都在你身边

对于一个在精神世界备受熬煎的人来说，在生活中若没有一个与自己相依为命的人，是断然不好过的。往往人们对于相依为命这个词会备感凄楚，而它真实的面孔，或许是至死不渝的幸福。

如果你有一个可以相依为命的人，你一定要好好地爱她，因为在你要面对这个世界的时候，她是你的保护伞，帮你挡去了许多风雨。

如同我，在缺失父母温情的时候，我庆幸自己拥有一个可以相依为命的人——我的姐姐。她照看我，温暖我。

和她在一起，出门我可以不带钱包，不带钥匙，只要跟着她，她就是我的银行，我的敲门砖，甚至更多……有她在，我即使双手空空，也很安心，因为她在我身边，就是最大的依靠。

即使加班到很晚，也不用担心晚上没有饭吃。一进家门就看到暖暖的灯光，闻到浓浓的饭香，因为，她在等我回家。

即便是一个遥远而又陌生的城市，我也会一个人毫无顾虑，坐着漫长的火车前往，因为那里有她在。

我看上一件心仪的衣服，就打电话给她。我钱不够用，就发个短信给她。她在骂骂咧咧说我花钱没节制的时候，最终还是会把钱打给我。

就是这样一个人，不管是在飘着雪的季节，还是朗朗乾坤的阳光下，她都会一路陪着你。你犯错时，她打你骂你；别人欺负你时，她却第一时间跳出来保护你；她知道你所有的小秘密，你失恋时，她恶语相向，骂那个臭小子；你升职加薪的时候，她比你还开心……

在这个世界上，这个人，解你心怀，懂你苦痛，给你依靠，不用言说，是一件多么幸福的事。

相信上天是公平的。在让我们失去一份温情的同时，会让我们去获得另一种温情。我们有着此生无法弥补的缺憾，但是也有了不可被替代的幸福。

希望这个与你相依为命的人简单、平淡、自然地生活。不提及那些一起走过的难熬的日子，也不提及那些纠结的爱与挣扎。她如何走，走得如何，我们都在韶光背后看着她。

如果没有这样一个人，我们的痛苦是无法想象的。在这样一个繁芜的世界中，残酷的现实，逼仄的生活，经常让我们无法喘息。在我们疲惫不堪的时候，这个相依为命的人，就是我们的救命稻草，就是我们栖息躲避风雨的港湾。我们可以跟她诉说内心的爱与恨，苦与愁。

人生路真的很长，也很艰难。在追逐的路上，每个人都是自私的。我们渴求、坚持、执着的，都是我们自己内心热爱的东西。为此，我们坚定不移下定决心地走自己的前路，常常是无尽的索取，而无法给予同等的付出。

而这样一个为我们付出的人，她还怕给的不够多，理解不够深刻，还怕我们气馁，要给我们以鼓励和支持。她会说：如果你走不到自己想要走的那一步，这会成为你一辈子的遗憾。

尽管路途坎坷，荆棘密布，尽管我们凭空想象的时候，心有余悸。但是有这样一个人在身边陪伴着我们，困难和不幸对于我们来说，便不再那么可怕。

我们都有一个爱人，一个一直守护在自己身边爱着自己的人，或许是家人，或许是朋友，如果她保护了你，请你学会珍惜她。

家，就是我们的退路

慢慢地，生活教会了我们想念故土，思念家乡，就像当初曾以为一旦我们离开那片黄土，就再也不会怀念一样坚定。即使我们一度奋力挣扎，想要脱离故乡，但故乡毕竟是给了我们的童年、青春的地方。所以很多时候想念起来也会一发不可收拾。

虽然如今可能我们也依旧不愿意走上归途，但故乡应该就像一位慈父一样，在日夜等待着我们迷途知返吧。

曾想着写一篇"假如我是百万富翁"的文章。每个人都有很多愿望，很多私欲，而当一切面临现实巨大的盾牌时，最有力的证据便成了金钱。

我想人不仅仅应该知道自己想要什么，还应该知道自己该负担起什么。然后坚定不移地往前走，不管一路的遗失。

当我不能安稳自己的心，内心迫切想要去改变生活而又知道一切是不可以急于求成的时候，又如何去为了前程奋不顾身呢。这种痛楚，让我们知道了希望的定义是什么。总要有一个人来牺牲，在时光把一切冲垮之前。

慢慢地，我很想念故乡，想念我的父亲，我们已经近两年没有坐在一起谈心。如果说有人教会了我爱与成长，那他便首当其冲。一旦你了解了一个人内心真正的痛苦，你就会因为他身上的痛苦而产生爱。父亲是我生命中的至亲，让我在冥冥之中读懂了他一生的凄楚。当我不能给他更好的生活时，我会好好爱他；当我们无法一起更好地生活时，我会替他好好地活着，让一切延续。

也许我们还在漂泊，还在为了寻一个落脚之处而奔忙。离开了生我们养我们的地方，和我们的爱人。有时候想，如果生命可以绑缚那该多好，那我们便可以跟爱的人一同面临暴风雨，我们不会再有千里之外的无助，也不会有一个人在夜里蜷缩着痛哭。

很多时候我这样渴望过：有个家多好，有个故乡多好，有个属于自己的东西多好。那样的话，即使走遍四海都无所畏惧，因为一旦崩溃还有回去的路。

谁都要面对生死离别

有人说："死亡不过是另一种方式的旅行。"但当死亡真正来临的时候，没有人能如此淡定从容。亲人的消失，爱人的离散，包括自己的消亡，永远是非常残酷的现实。

由此，我想到我的爷爷，他已经不在人世了。因为他是我的爷爷，"他已经不在人世"这一句话就足以让我眼眶湿润。这是我人生中第一次经历生死离别，第一个从出生到长大陪伴在自己身边的亲人离开这个世界。

当噩耗来临的时候，我痛苦地想把世间撕碎。我不知道为什么人生如此苦短，为什么要让自己深爱的人消逝在自己的身边。我怨怼世间，怨怼生命，怨怼一切。

我像所有的年轻人一样，年轻气盛，只顾漂泊他乡，追逐自己的理想，实现自己的抱负，而远远不懂得珍惜亲情，也不知道去思念故乡。

自上大学之后，我很少见到爷爷。有时候放假在外实习，也没能回去看他。那个时候的我一心想着脱离，想着远走高飞。当我知道并紧紧去抓住的时候，韶光已经在他的身上走尽了。

我会永远记得那一年的端午节，即使随着年轮滚动的久远，它也只会愈发地深刻。我会比如今更加读懂它，会比如今更加难以忘记。

端午节，我从北京坐车回家看望病重的爷爷。回到家里，我放下东西就去看他。不知道是不是为了看病方便的缘故，爷爷剃光了头发。虽然他消瘦、瘦骨嶙峋，但是他光溜溜的脑袋，总让我觉得他年轻了起来，像个孩子。

于是，不管别人如何说他的病情，我内心总相信他会好起来。我希望他能够像从前一样站起来，拿着他抽了一辈子的旱烟袋，走街串巷。

每次，我要离家上学去，奶奶总是会哭，弄得我也把眼睛哭红。当我跟奶奶在一旁泣不成声的时候，爷爷总是兀自坐在一旁，他好像什么也没有听见，也没有什么要说，没有什么难过的脸色。这就是我的爷爷。若是论到打骂我，他自我小时候就不含糊，但论到情分的时候，他反而最默默无语。

只是，这一次的端午节，是我有生以来第一次见到，也是最后一次看到，他同奶奶一样脆弱。

三天假期过去，我又要返京。坐在床边的奶奶没有任何言语，也没有哭，反倒是爷爷慌乱地哭了。他用哀鸣的语调，从喉咙里喊出："下次回来，你就再也看不见你爷爷了……"

他一直在重复着这句话，颤抖着双手，在床上翻来覆去。我知道他的病让他疼，但我更知道，他的疼来源于心底。他哭得像个孩子，哭碎了我整个生命。

我在离家的那个清晨想着，如果人生必须如此残酷，我愿来世再重来一次。我还是我，我的爷爷还是我的爷爷。

谢谢你温暖我

总有一些记忆碎片，会清晰地记在脑海里。或许是一句话，一个表情，一个场景……过去了很多年，你忘记了很多事，甚至是那些爱过的、恨过的人。那些记忆里的碎片，却依然鲜活地在脑海里徘徊，久久不息。

18岁的那年夏天，我们高中毕业。我和Y抱着一堆书，一起回家。他把书顶在头上，出了学校门口，路过右边一排的小饭馆，他冲着那一家家饭店的老板大声喊："×××，我们毕业了！×××我们毕业了！"

Y呼喊的声音是毕业的喜悦，是青春的绽放，是我们18岁的时光。

那天阳光照在他脸上，关于那天的画面，一直记在我脑海里挥之不去。

在上大学之前，乃至大二之前，我觉得我的生活和人生整个都是浑噩的，我记不清楚自己的过往，也记不起所有的青春，我找不到任何印记。唯此，记忆的片段，让我知道，我曾流淌在那样的青春岁月里。然后，我可以由此联想到整个青春盛放的过程。

我在篮球场旁边看Y打球，有时候是透过食堂二楼的蓝色玻璃。那个时候高三了，我每天都在紧张地复习，好久也不跟其他人说上一句话。以前我们总是一起逃课、散步、聊天、吃饭。最终，我只能把最后的关注定格在食堂二楼的玻璃窗上。

在我跟同伴一起去三楼吃饭的时候，在二楼的楼梯上，我停下来，看着外面的操场上，Y在奋力地打球、比赛。那是永远都不会属于我的生活，我看着他想到。但这也是我们成为好朋友的原因。

还记得17岁那年的冬天，在北方，我陪着弟弟去滑雪场滑雪。滑雪场，遍地雪白，只有弟弟一个人在滑雪，从高处滑到低处。那个时候我在听游鸿明的《白色恋人》，之后，再听的时候，没有了当时的感觉。

由此，我记得我的17岁，记得冰天雪地里弟弟滑雪的场景，记得《白色恋人》。尽管，我们已经遥远而陌生地分离。

16岁那年，从北方坐火车回家，遇到过一个山东男孩。那个时候，他大概二十三四岁，单眼皮，很白。姐姐买了一盒梨，座位上正好四个人，每个人分了一个。他拿了梨，咬了一口，然后冲着我笑，很温暖、很明媚。结果，到枣庄站的时候，他下车了。

我总以为，我们会再遇见，因为我是如此清晰地记得他。他的发型、眼睛、脸、皮肤、书包、上衣。但是，7年过去了，我知道，我们再也不会相见了。是他让我第一次知道了"擦肩而过"这四个字的含义。

不美好吗？这一切都很美好，很明媚、很温暖，但是再也不会遇到和重逢了。

我记得大二那年开春，一个人坐车回学校。我走了很久的路，提着大行李箱，身体疲惫不堪。我蹲坐在一个院子门口的花园放声大哭。之后每次坐车回学校，我都能够看见那个院子，我坐过的那片水泥地。每次经过那个地方的时候，我就那样张望它。即便现在去了，我依然会看着它。

还有第一次到北京，15岁，住在一个旅馆，迄今为止，我都不知道那是在哪个区，什么地方。那是我第一次坐火车出远门。

母亲出去办事了，黄昏的时候，我醒了，在胡同里走。一个老人，问我有没有吃饭。就像邻里街坊一样的问候，我无法忘记。就那么一刻，我在心里想，我日后一定是要来北京的，因为这个城市如此温暖，跟我如此契合。

第一次动手术，在市医院。我在医院的长凳上疼得翻来覆去，等着父亲来。那个时候，长凳缝隙下面，全是我掉的眼泪。

高中，周五放学的时候，我刚从教学楼走出来不远，就听见四楼窗口的S大声地冲我喊："苏和青！苏和青！……"我还没来得及扭过头，就被侧面疾驶来的摩托车"砰"的一声撞倒了。

我记得的不是被车撞到的疼痛，是那个男同学大声喊我的场景。周五放学，大家都走了，整个教学楼和学校都很空旷。

教导主任和我初中的班主任一起冲过去拦那辆车，要他带我去医院，然后S从四楼跑下来。我的腿被撞了，肿了起来，好疼。我对S说："没事，你看骑摩托的人都流血了。"

其实，那个时候，我耳朵里听见的，还是那个声音，他喊得那么大声、直接，声音刺耳，震痛我的耳膜。他一定是先看到了飞驰而来的车，让我小心。

或许，人生没有完完整整的记忆，有的不过是这样那样的片段，它们组成了我们的一生。那里，有青春、有时光、有亲情、有伤痛、有爱。

或许因失眠而辗转反侧的深夜里；或许在某一个节日；或许在拥挤的人潮，看到了熟悉的身影；或许在寒夜佝偻着身子向前奔走时；或许在某个时间看到旧物时；或许在吃着吃着东西，忽然想起这是谁爱吃的食物时。那些记忆里的画面，那个人的神态，那个人的温度就会浮现在你眼前。

然而，往事一一都过去了。在这人来人往的尘世间，我们经营着各自的人生。

有些人，消失得无踪无迹。曾经你以为你们会长久相伴，曾经你们是最亲密的朋友、最心爱的人，或许是亲人。只因某一件事、某一句话、某一个误会、某一次争吵……你们的关系出现裂痕，接着破裂，然后消逝在彼此的生活里。

在后来的岁月里我们各自活着。四肢健全，吃穿依旧。我们还会笑、会哭、会爱，身边也会有另一个人作陪。

然而，你在喝醉时，想起他拥抱的温暖；听到某首歌时，想起他最爱唱这首歌，你哼着哼着就想哭了。

……

后来，除了回忆，你什么都找不到，没有人，没有物，没有回得去的时间。

一天过去了，一个月过去了，一年过去了……你没了当初的愤恨，很奇怪，你忽视了他全部的坏，比起他曾犯过的错，他对你的好更让你热泪盈眶。

然而当你们想起早已失去联络的对方，就算再次联系，也没了当初的热忱，依旧冷下去。

在某一个时间，某一个片刻，我们还是会想起故人，想起往事。只是心中早已没了爱恨，没了酸楚……

那么，我们没有必要事无巨细地记住所有的一切，我们没有必要记住一个人的所有。只需要记住他凑过来挂着微笑的脸的那个时刻；记住那天，她在风中又疯又傻大声喊你的样子。即使多年过去，依然刻骨铭心。谢谢那些人，曾经温暖过我们的人生。至于其他，一切都让它随风而去……

是他让你成为一个独立的人

相信在每个人的一生中，都会有那么一些人，在匆匆韶光里，教你成长，教会你爱。就像我的父亲对于我。

对于父亲，我不知道是爱还是恨。因为，爱恨像是在随着时间的年轮而翻转。在一些年纪，我是恨着他的；而在另一些年纪，我又觉得他是我此生最爱的人。

在我爱着他的时候，我看到的全是他的痛苦，他内心的渴念，以及他的人生、婚姻与爱情所受的磨难。在这样的时候，我觉得自己是这世间最了解、最懂他的人。

我读遍他所有的文字，陪他经受每一段痛苦。或者，我就是他人生磨难的果实。不管是我出生，还是渐渐长大变得懂事，我都算是当事人。作为一个当事人，总是要比他人看得清。

我总是记得他不管去任何地方，都会拿着一沓稿纸与几本杂志。仿佛纸和笔成了他的一种标志。

不管在任何情况下，他都用这纸与笔去创作。他一路写下的文字，或许就是他一生中痛苦与幸福的原路。

在他的文字中，我看到了他的成长，以及那些撼动人心的经历。

很多时候，我们是分离的，我不知道他经历了什么，他也不曾告诉我。但是这些文字会告诉我。告诉我他的前半生发生了什么，告诉我他的后半生经历了什么。

站在这个角度上想的时候，我对这样一个父亲是心存敬意与爱意的。我总想着，自己要挣一些钱，出息些，给他更好的生活。

在我所走的道路上，多少有些是为了他而勤奋。为了他，我想把这条路走好，走得长远，走得正确。我是他的孩子，而我也会有自己的孩子，我希望一切可以好起来，可以得到好的传递。

那个时候，我愿意抛开诸多问题，因为有一个会陪着自己修改诗歌到深夜两点、探讨文学风格、讨论生活好坏的父亲，感到知足且幸福。

他真的就是一个父亲，一个教会了我成长与爱的人。

遇见和你心灵相通的人

不要因为长久的孤单而难过，也不要因为一直没有人跟你做朋友而意志不坚。每一个人都有适合自己存在的人群，只是他们要么没有出现，要么就在来的路上。正如曾经的我一样。

认识Z是大学社团参加一次全国高校文学作品大赛。那个时候我是编辑部的部长，收到了很多同学的稿件。其中有一沓是Z的。

他写了一篇散文和一篇小说，外加几首诗歌。当我看到他的作品时，便兴奋了。这是我一直要找的文字，粗犷、有力。而且我们的小说风格也很像。因而，我们认识了，成为朋友。

后来他给我推荐《红字》《一个青年人的画像》，以及《人民文学》这本杂志中精美的文章，让我阅读。因为他，我读了很多外国作品，知道了一些我从来不知道的外国作家。

Z是我第一个文学上的朋友，一个可以跟我谈文学、谈读书、谈生活的人。

等我有了知心的朋友，我便想，如果说一个男人没有英俊的相貌，巨大的财富，那么还能让我为之动心的，便是写得出一手好文章。我依然会觉得他熠熠生辉。

曾经我生活的周围缺少真正交心的人，我们每天谈论的都是男女同学、生活琐事、八卦之类的话题，而对于文学，或者思想的交流，真的少之甚少。我从不敢轻易开口和别人谈论理想。

后来认识Z，我会在网上看他写的文章，他也会看我的。我记得那时他正打算写一篇长篇小说《无处透气》。在我读完他的《无处透气》之后，我除了觉得自己活得狭隘以外，还觉得自己失去了本性。

我本不该抱怨生活太过枯燥乏味，循规蹈矩，如果我有追求，那么每一天对我来说，都很珍贵。而我把这些珍贵的东西，毫不在意地丢失了，还没有为之惋惜、心疼。

我想一个人总是要活在一个圈子里才能有所造诣，如果你是一个文人，一定要活在文学的圈子里，沾着那么一些书香气。正如我跟Z，虽然我们只是两个人，但已经是1+1>2了。

　　相信在追逐的路上，我们都会遇见这样一个人的，志趣相投、毫无违和感的那么一个人。他是我们迈出孤单的第一步，也是我们成长的第一步。只要我们坚持走在路上，一定会不断地遇见心灵共通的人。

未来你还好吗

很多时候，我总是在质疑未来。它还在吗，它还是我们最初想象的那个样子吗？它还有没有在等待着我……

彻底离开校园之后，又回去过一次，待了半个小时。一路坐车看着路过的熟悉地方，内心感受到"回忆很美"。校园里还有我的骄傲和信仰的影子，我在心间问自己，难道因为我脱离了校园，脱离了朋友，就脱离了自己真实渴望的生活了吗？

毕业后我回了两次家，让我深刻体会到，自己的感情还是那么热烈。

第一次回去的时候，爷爷病重，很瘦很痛苦的样子。我回京的时候，他哭了，像个孩子，我也哭了。我永远不会忘记他那个时候哭的样子，就像他说的那样，下次，我就真的再也看不到他了。余生里都不会再看到他了。

第二次我回去的时候，爷爷就不在了。回程的时候，我一直都没有哭，一直到我回家看到灵堂上他的照片。想到我再也看不到他的时候，我捂着嘴呜呜哭了。我已经责怪过生命了，它那么短，那么无常。我不哭，是因为我不知道我该去恨什么了，而那一刻我再也忍不住了。

丧事整整进行了三天，却也很快就过去了。好似这二十多年就在这三天过去了。以后的人生里，再也没有这二十多年，还有我曾挚爱的亲人。

在我们的人生里，得到总是那么不知不觉，而失去总是这么迅速而彻底。因为得到，我们曾信心满满，想要创造更好的生活。也因为这样的失去，我们可能会磨灭自己的梦想。我们会忘记自己曾信誓旦旦许下的誓言。

是啊，一切都好远。好远，走上自己想要走的路。好远，明年今日，自己会在哪儿努力工作，在什么地方过着怎样的生活。好远，远得让人害怕。

当收入渐渐丰厚，当果实也越来越多，当梦想都渐渐实现，我们还会不会找到当初真实的自己，不再越走越远呢？

当我们感到迷茫的时候，我们会找各种人说话谈天，没有目的，也没有所向。直到弄得大家都厌倦、心烦。

一本书看了好几个月，还是那一页。即使有时候想起来心急如焚，但是下班回家还是不愿意翻开它。我们试图以各种途径找回自己，但发现竟是那样的难。

只是当清晨醒来，看见窗子外明媚的阳光时，我们知道未来，它还好，它一直在等待着我们。等待着我们结束自己的烦恼和困惑，大步迎上，去它的面前。

爱一种让你拥有力量的东西

相信很多人的人生，是在一两部书的启发下改变的。也许从前一直在迷惘，一直没有找到方向，无从下手，也没有什么宏图大志。但是，就有那么一本书、一句话，或许就从此改变了你的命运，让你不再彷徨。让你有了骨气，树立了人格，也树立了此生的追求与理想。

十六岁时，我开始写作，发表作品。高中的三年，我开始写乡土小说，写了散文，写了青春小说，因此，还拿了几个奖。

十九岁的时候，去市里领奖。市作协主席让我发言，我犹豫的时候，他说："你要是不行，我就让别人上。"我还记得那天我站在领奖台上说的话，我说："十九岁，是我文学路的开始，但它不会有结束。"

如今，我非常惭愧，那个时候的大言不惭。那个时候的自己，何尝知道什么是文学。

我像每一个渴望写出好文章、一夜成名的年轻人一样，每天拼命地写字。上课的时候，放学回家的晚上，星期天冰冷的房间里。我写我自己的故事，也写别人的故事。

上大学后，我开始写散文。大学三年，我像是虚度的。

前三年，我同舍友过着散漫的生活。上课的时候去上课，下课就回寝室看电影、聊天、上网。周末睡懒觉，或者出去逛街。

俞敏洪说："大学时期要博览群书，大学四年至少要读400本书，优秀的书籍就像难得的朋友，在你不需要的时候，你感觉不到他们的存在；在你需要的时候，他们总是及时地来到你的身边，忠诚地守候在你生命的左右，随时宽解、充实你那不安、寂寞的灵魂。"

我虽然没有放弃读书，在此期间也读了《秦腔》《香水》《苏童作品集》《罪与罚》等那么几部让我印象深刻的书，但是这在知识的海洋里，无疑是微不足道的。

或许每个人，心中都有一道门。打开这扇门的关键所在，是要找到开启它的那把钥匙。而对我而言，或许《平凡的世界》便是我人生的第一把钥匙。让我由一个浑噩的人，变成一个惊醒于生活的人。

在大三的上半年，我们刚刚考完试，H向我推荐了《平凡的世界》，让我无论如何要读一读。我把厚厚的《平凡的世界》拿回宿舍，当我翻开它，认真读它的时候，我深深地陷进去了。

我再次见到H，跟他说，读的时候，有好几次险些哭了。

我们都活在平凡的世界之中，而我们也都是平凡的人。但是在平凡简单的生活里，有一些人走得远，登得高，是因为他们拥有了不平凡的理想。

有时候觉得，书中的孙少平，好像是自己的影子。他对于生活苦难的承担，对于知识的渴求，以及对于人生的领悟，是那么深沉而执着，那么坚韧而有力。

他的人生路是平凡的，但是他有着坚强的意志和精神。这种意志可以说是一种信仰，让他在任何苦难里，都能坚韧地活着。

他努力地为自己在残酷的现实世界里，挤出一道缝隙，供自己喘息、欢愉。

在苦难的日子里，他以读书为支柱；在冰冷的坏楼里，他也要坚持读书；在危险的挖煤工作中，他仍坚持读书。他有幸有田晓霞这样一个爱着他的人。他们的精神领域相同，她给予他支持和鼓励。他没有被现实、被他的贫穷打倒。

我向来相信，对于爱情，一个有着热忱的爱的人，是不会畏惧穷困和现实的。一个有着自己坚定信念的人，会坚定地去爱一个人，不论岁月多么艰苦。

第一次流泪，是看到孙少平给他奶奶点眼药水的部分。孙少平用田润叶给他奶奶买了两瓶眼药水和一瓶止痛片。他跟他奶奶说："奶奶，看我给你买的药。这是治眼睛的，这是止痛片，浑身什么地方疼的时候，你就吃一片……"

因为年少，我们说友情，谈爱情，却经常忽略亲情。等有一天，我们回首会发现，这世间最让人痛心的情感，是亲情。无论时代如何轮转，人心如何改变，这种血浓于水的亲情，都是最珍贵，最打动人心的情感。这种打动，是以至于你看到一句话，都会泪流满面。

再流泪，是看到孙兰香考上大学。那个时候，我还在教室里，老师还在讲台上讲课，我坐在座位上止不住地流泪。对于一个一直贫困潦倒、忍气吞声、受尽屈辱苦难的家庭来说，孙兰香考上大学无疑是一件天大的喜事，给予了他们每一个人至高的希望。就像《X战警》中说得那样："挫折虽然痛苦，但会令你变得强大。""最终能够改变这一切的，便是生命之最根本的——希望。"

不管是被命运打折了腰的孙少安，是被苦难折磨一生的孙老汉，还是经受折磨的孙少平，这无疑是他们人生中头一次且最至高的幸福。

虽然追求是幸福的，阅读也使人幸福，坚忍不拔是幸福，但是在人无完人的生命中，人还是需要得到那么一些切实的幸福的，一些摸得着、看得见、感受得到的幸福。孙兰香考上大学，便是那个家庭里一次切实的幸福。

最后一次流泪，是惠英丈夫的死。世间有太多平凡的人们，在夹层里享受仅有的幸福而被现实狠狠地击碎。他们要的不多，他们不贪心，也不虚荣。但是上天硬是不给他们安稳的生活，硬是将尖刀刺进他们的心窝。

生活好似在说，你不是要在苦难中寻找快乐吗，你不是要在残酷的现实中享受幸福吗，那么，就让你尽情地去经受吧。

家里仅有的支柱死了、心里仅有的精神支柱分离了、生命的爱人消失了……他们若是爱得不那么沉重，伤害对于他们还会那么残忍吗？

在阅读的过程中，我最为孙少平痛心。他在跟命运抗争着、战斗着，顽强而不屈服。

相信，如果你也拥有自己的信念与追求，而又不能尽力去追寻的时候，你也会变成这样一位战斗者。

或许孙少平就是我们青年人的写照。是我们关于理想、关于生活、关于苦难、关于人生的真实写照。

关于这本书，其中的亲情、爱情、友情、信仰与热爱、生活与现实，是我写不尽，也写不透的。我只能说，还未读过且想要明白生活、亲情、爱情、友情的人儿，安静且积极地去读这一本书吧。

不管你是何种身份的人，有着何样的生活，以及做好了怎样的打算，去读一读这本平凡的著作，去亲自尝一尝其中的苦与乐吧。去领悟其中的人生路，哪怕你获得了一丁点儿力量，有了一丁点儿的改变，它也总算是对你起了些作用。

《平凡的世界》这一把打开我命运之门的钥匙，让我清醒，也让我坚韧。我永远记得那些熬夜读它的日子，我躲在暗夜里，又哭又笑的日子。

在一个又一个的深夜里，我读懂和领会了一种平凡而伟大的人生。

虽然我们早已远离黄土，早已远离书中的苦难。但是每一个时代有着每一个时代的艰辛和苦楚，一个想要活得至真至性的人，总会有着那些可以激荡、可以共鸣的酸楚。只不过，这还是一个平凡的世界。

PART 4

成为一个淡定从容，一切都刚刚好的女子

真正的坚强，是当你不再需要倾诉

很多时候，我们都想要倾诉，跟亲密的人，或者陌生人。我们想把折磨自己内心的"疾"说出来，让自己好受一点。但是当多次倾诉，内心的痛感依然存在的时候，我们又应该把心声置于何处呢？

不知道何时，我们才能够做到"下定决心迎接忍辱的前程，并且绝不诉说"。尽管我们已经深深了解了"没有必要向任何人讲述过往，人心的体会是完全属于私人的"这一道理。倾诉是可耻的，但是一个人，在决定缄口不言之前，一定历经了生活的磨难、人生的艰苦、情感的冲刷。

更多时候，我们必须做些什么，才能平复自己的心情，平息内心错综复杂的想法。或许是因为听见了一个人的心声，或许是因为一个人与自己的心灵产生了共鸣，或许是其他人的太过强大，让我们觉得自己所拥有的一切都是如此地微不足道。而我们也知道，那内心的复杂来自于自身受到的一次次庞大的冲击，在每一次前行的路上，我们备感渺小。

我们愿意试着去做一个正直的人，并尽力秉承天性，坚守善良。我们也试图去用自己的心感受生命里的一切，一个人，一部作品，一首歌，一场电影，一件事情……

或许只是听了一场讲座，我们便开始尊重每一个作者，从此站在了理解和懂得的一方，与他们并肩前行。或许是因为一首歌、一部电影，从此开始爱这个世界，珍惜身边每一个来过的走过的人。

我们为每一个人做出的选择和决定感动不已，因为我们了解生而为人的艰辛。尽管他不那么光彩夺目，尽管他也没什么权位与名誉。但我们切实看到过、了解过作为一个"人"的煎熬。当一个人活在这个世界的时候，他就是一个伟大的战士。从有生命的那一刻起，他就跳进了情与愁、怨与恨、爱与伤、悲与痛的旋涡，且永无脱身之日。

活着，到底是怎样的一种熬煎呢?

就像当你抓紧一根绳索。开始的时候，你力大无比，走得艰辛但坚定，但是路上你疲惫了，双手红肿，双腿发颤，你不再去抓紧绳索，而是以绳索保命，慢慢地松懈下来。在习惯了平淡的日子里，怕的并不是突如其来的暴风骤雨，而仅仅是你当初下定决心握紧绳索去寻找光荣和胜利的心。

这颗心无法再被平常的岁月掩埋，尽管它穿着岁月的长襟。它从安静的时光中，慢慢地爬行，从下到上，从外到内。它以各种方式、各种形式攀爬蔓延到你的灵魂深处：是否能够这样活着，是否能够平淡无奇地去爱。

或许，我们应该原谅向生活妥协的人们。原谅他们的善变甚至不负责任。我们只看到了他们的傲气与跋扈、刁钻与自私，但我们并没有看到他们的穷困与潦倒、折磨与煎熬、忍受与屈服。或许他们一直走在不断寻找的路上，一切都缘由最初的那一次握紧绳索的双手。

我们去体会他们的感动，了解和想象他们写下这一行字的经历和感受，为此，我们尊敬他们，不苛责、不狭隘。

当我们听见闻所未闻的事情时，当我们见到没见过的穷困、潦倒、折磨、忍辱、屈服的时候，我们会觉得自己的一切都太过微小，包括那些煎熬的选择。

新鲜的东西，总是让我们在生命中获得意想不到的震惊，或许，也正是因为这样的震惊，才让我们充满了血性。

这样的一种血性，超越故乡，超越城市，超越自我，把我们带到了遥不可及的地方。那个时候，我们或许会稍稍明白，某一天某一刻那些难以答复的困惑。

真正的选择，并不是生活或工作，学习或堕落。不是脱颖而出，不是标新立异，不是鹤立鸡群、木秀于林。而是要抛开这所有的一切，去做一个选择。到底哪里，是存放灵魂的天地。

渴望迎接平静，渴望迎接忍辱的前程的决心。在未来的路上，等待着那个绝不诉说的自己。

淡然面对青春的弯路

年轻的时候，我们总是会将自己的痛苦放大，将自己的幸福缩小。我们总以为自己经历了任何人都不曾经历的伤痛，于是，我们堕落，抑郁，悲伤，乃至一蹶不振。

我是一个缺乏温情的人。四岁的时候，父母便离异了。七岁的时候，父亲再娶。

这是我人生所无法弥补的缺憾，这早在我还不能选择和主导命运之时，就已经成了定局。之所以说我缺乏温情，是因为父亲不爱我，当我满怀希望地去找寻母亲时，她比父亲更甚。

母亲重组了家庭，有了自己的孩子。她常将我跟父亲划为一派，我们经常争吵。

而我在父亲这里，又挨了不少的打骂。一旦他们吵架或者不和，我便是他打骂的对象。

因此，一直到二十二岁前，我都是一个非常悲伤的人。我沉浸在命运的苦痛里不能自拔。

我用自己悲伤的心灵，去爱着自己的亲人和朋友。把悲伤当成一种性情，一种资本。我不仅接受来源于生活的伤害，还试图将其放大。想要自我摧残，自我放纵，自我逃离。

在经历痛楚，且读了几本书之后，我就以为自己与他人不同了。写了几篇文章，我就觉得自己真的很厉害。因此，我没有好好读书，考一个好的学校，而是想着用我的悲伤，写出一鸣惊人的作品。

在生活影响之外，青年人阅读的书籍，也多少影响到我。它们好似给青年人画了一个圈，无形之中定了一个准则。大都对深夜通宵写作、生活黯淡无光、心态压抑沉闷，心有所往。好似只有这样才是一个作家，才能写得出非凡的文章来。

在此影响下，我消极悲伤地度过了我青春岁月里最好的时光。

如今，你让我回想青春，我都不愿去想。它不是明媚的，也不是简单快乐的，而是沁满泪水的，悲伤而绝望。

人生真的很讽刺，在你应该快乐的时候，没有让你快乐；而在你应该成熟的时候，也没有让你成熟起来。

我之所以说自己的一些事情，并不是为了求得怜悯，也不是为了释放情绪。只是想说，我也曾黯淡无光地生活过，并且有很多缘由。但岁月终会教会我们应该走哪一条路，做一个什么样的人。

大多数人的青春岁月里都有一条弯路要走，或许是因为家庭，或许是因为爱情，或许是因为友谊，或许是因为金钱，又或者一个虚无缥缈的梦。

而这些都需要你自己去完成，如果你不经过一番折腾，可能你也不会知道自己真正想要什么。

如果在青春里，你的经历不是那么的大悲大喜，就不要悲伤地度过，青春本就是肆无忌惮、无忧无虑的时光。

如果你悲伤地度过了最美好的年华，也不要因此有丝毫的悔恨。很多时候，它只是一个过程，而未来，还在。

要相信每一天，都是一个新的开始；每一天，都是一次新的重生。

有些事，学会接受就好了

我们曾勇敢地去选择自己的道路，并下定决心要在这条路上大展拳脚，克服所有的苦难和阻碍。但是，当路途坎坷的刀刃挫伤了我们当初刚强的内心时，我们是否依旧能够为了梦想而战？

每一条用心去坚持的路，都一定是一条艰辛至极的路。也许刚开始我们就已经知晓，只是越发地有所领悟和感同身受。

当你失了信心、摔了跤，多多少少会退去最初激荡的热情，增添一点困惑，来审视最开始选择的道路。

那个时候的你，甚至会发现，在人生这条路上，人与人之间根本没有什么至真至情，不过是真假虚实的互换而已。

但我们不要因此绝望。细细想来，人生不过一副皮囊，谁又经得起被看透看清楚？人与人之间，你为我美言，我自为你留薄面，终不过如此。

只是，我们不是只爱金钱、爱物质、爱事业、爱文学，不是只爱这座颠沛流离的城市，不是只爱人，我们爱的是这整个世界。我们爱着这世界的一情一景、一草一木。所以才会有失亲之痛，叛离之苦，相残之煎。

一个至情至性的人在每一件事情上都会付出过多的感情，自然要比常人受伤千万倍。

人生走一遭，不过就是为了"值得"两个字。

生活不能处处遂人愿，毕竟世事无常。今天你离别，明天他分手，也不过是世间里的常事而已。

很多事情，如果你选择躲避，它反而会在生命中延长。如果因为憎恨，一直选择逃避和不原谅，那么一直苦着的还是自己。

不管是亲人也好，朋友也罢，背叛你也好，伤了你的心也罢，试着去面对。那样一切都会很快好起来，一切都会变得平静下来。

不要因为初次和某人见面的一时失态而耿耿于怀，它会影响你接下来所有的对话和沟通。如果你试着忘记它，面对它，你会发现，其实他人根本没有在意。

不要因为初到一个地方做了愚蠢的事情就担惊受怕。只要你吸取了教训，下次不再犯同样的错误。不要让它像挥不去的影子一样，伴随你之后的生活。

有很多时候，我们都很想问自己。很想问，在我们经受了离别、伤痛、苦楚之后，我们最初的选择是否还在，我们最终的决定是否依然如初。

纵然我们有万般害怕，也不要丢了追逐。纵使岁月会蹉跎我们所有的渴念，斑驳我们所有的希望，也不要忘了，梦想一直都在心中。

我们遇到的那些流言蜚语，让它们呼啸而过吧。在这世界上，没有谁值得我们半夜两三点还不睡觉，为他辗转反侧，也没有谁值得我们泪流满面，伤心欲绝。就像这世间没有任何一处，任何一物，值得我们放掉追逐一样。

很多事情，我们选择面对和接受，才能迎刃而解。

当我们不再纠结于贫穷，不再纠结于灾难，也不再纠结于你爱他、他爱不爱你时……或许一切会变得简单，自然。

不经过深夜痛哭的人，不足以谈人生

不知你是不是像我一样，一直在思考死亡这件事情。

毕竟，人生短暂，活不过百年。在这样的一生里，我们究竟该怎样去活，去演绎，才会觉得死不足惜？才能从根本上去战胜死亡这件不可抗拒的东西？

在小的时候，我们可能以为是家庭的温暖。如果我们拥有一个温暖的家庭，就不会惧怕死亡。等大一些，懂了些事的时候，我们可能以为是温情，一个知我们懂我们的知己，一个与我们天涯做伴的朋友。

后来，我们想，也许应该是爱情。等我爱上一个人或许就不再畏惧死亡。

再后来，我们开始醒悟。要战胜死亡的恐惧，是要找出生命的意义。而生命的意义，完全源于自己对于人生的领悟，对人生道路的选择和追求。

生命的意义，便是信仰。是我们对于未来道路的期盼，对于人生价值的参悟。

信仰，像是一道光，能照亮我们的前路。它让我们看到身为人的荣光，我们可以拥有一种对生命的狂爱。这种狂爱让我们用生命去担保，去追寻。

也许是，心心相印却一直无法在一起的恋人再次拥抱的深情；也许是，失去至亲时，想要撕裂胸膛与世间的疼痛……只要我们用心去体会，生命里的一切至真至性便是信仰的脸孔。

信仰也是一道伤痛。它带来的苦痛，像千斤的铁锤砸中胸口，像锋利的尖刀刺进心窝。这种痛，沉重而深邃。在寂静最深处，眼泪最深处，让人蜷缩、翻滚、安静、流泪都无法解除。

信仰也是最为孤单的心事。即使我们试着倾诉，试着寻找知音，试图成熟，让自己安静地面对，都无济于事。当我们再次想起它时，还是如此让你难过。

或者可以视信仰为生命的魂灵，贯穿着整个人生，在你的体内不断蔓延、生长，打通每一根血管，伴随生命成长。路途上，它让人坚强而又绝望。

在生活中，希望我们能够拥有这样的一个信仰。这样一个我们说也说不尽，道也道不明的信仰。我们不知道它的样子以及含义，因为它在生长，它在不断地变幻。或许生命停止的时候，才是它的终结。

当我们拥有信仰之后，我们会发现，对很多事情，很多人的认识，已经发生了质的改变，像是重新活一次。

我们应该去爱一样东西，不管是钢琴、油画还是书法……我们应该深爱那么一样东西，为它拼搏奋斗。感受它带来的痛苦与艰难，也享受它带来的荣光与幸福。

如果我们获得了这样一种用生命热爱的东西，我们便有了无坚不摧的信念。

我们会从容地去处理和面对生命中痛苦的经历，贫苦的人生，不幸的爱情。

尽管在青春里，这样一种热爱，长满芒刺，时常扎痛人心。

生活的现实，让我们不得不经常将自己的理想埋藏起来，经常将它束之高阁。生活告诉我们，如果我们想要解开暗夜的纱布，就必须先要弄懂它。去读懂它的平凡，它的残酷，它的多情，它的幸福。

托马斯·卡莱尔说："不曾深夜痛哭过的人，是不足以谈人生的。"伴随着生命的成长，痛哭原因的转变，我们会越来越了解生命的含义。

每个人都有一个自我

渐渐地，生活把我们变成了一个特别自我的人，特别是在几经生活、感情的历练之后。早晨上班的路上，我还在思考，究竟是因为我们愿意去直面生活才变得自我，还是因为自我，我们才敢狠狠地去面对生活。

自我是有一点的贬义的，它可以理解为自我的意识强烈，也就是自私、自傲、自大。这些让人很少去关心其他人的感受，更别提路人的眼光了。做自己想做的事情，走自己想走的路。哪怕前方泥泞满地，我乐意，我就会前往。

为此，自我的人不惜冷酷地对待他人，无暇顾及其他人的感受和想法。自我的人会变得迷惘、失措，会像其他人一样成为黑夜里摸不清方向的行路人。

自我用自己强大而炙热的身体去烫伤别人，而且头也不回，看也不看。你若觉得受伤，自可离弃打骂而去；你若觉得可以招架抵抗，愿意继续跟随前往，也无人赞赏你。自我像是一匹脱缰的马儿，只顾自己的前程风雨。

从这方面来看，自我，好像真是很自私的一种东西。

另外，自我也是有褒义的。它可以理解为有自己的主意，敢于做，敢于选择，坚韧不拔。不管前程路上几多坎坷，只要它想要，就必须到达。这样一种渴望，让它坚强，不畏惧任何困难艰险。哪怕不用掌灯，也能自行走到天明。

拥有了这样的自我，让你敢去面对生活中的种种不堪。自我让那些难堪变得那么简单、自然，让你快乐、神采飞扬。远离了惭愧、尴尬、不安的种种，让你知道年轻就是会犯错，没有工作经验就是会鲁莽，没有表达好自己想要表达的意思就可能会起反作用，没有树立好自己的第一次印象可能就会由好变坏，没有百分百，没有十全十美。

自我对个人而言绝不仅仅只是理论和定义，它切实地存在于你的生活之中，让你全然接受。你要做的就是成长，如雨后春竹般狂野地生长。

在你柔软的心房里种下坚韧不拔的种子，开拓坦然宽阔的江流，谱写宁静动人的曲子，临摹俊秀隽永的文字……

更多的时候，我们感谢生活给予了我们这样一个自我，让我们在成长的路上被撕裂得毫无察觉。

从黑暗到光明，或许只有一扇门的距离

往往，从黑暗到光明，只隔着一扇门。怎么推开它或者什么时候推开它，在于每个人自己。

记得初进大学时，我是个压抑自闭的人。入学一年，也很少和同学开口说话，更不主动去交朋友。好似那个时候流了此生最多的眼泪。现在想一想，有什么事情足以让我如此呢。

想想那些一度自认为苦难的事情，就是生命中致命的伤害吗？那些经历就是生命中最大的痛苦吗？不过是那时的自己目光短促，太过软弱，才被挫折一次次击垮。

人生就是这样一个慢慢蜕变的过程，而这就是我的命运。由消极悲伤，到积极乐观。

记得一年冬天，见到W。他说上大学之后，他每天早晨七八点起床读书，中午吃饭，下午读书，下课吃饭之后，再读书到晚上十点。三年来他都是如此。

想一想这三年，1095天，他该读了多少书，看了多少字呢。而这其中更为重要的并不是读了多少书，而是一个人，一个青年人的自制力，一颗年轻的心对于知识的渴求。所以每每见到W，我都心存着羞愧。

一直以来，我都觉得自己是一个有着很强自我意识的人，有着自己的个性与本真。但是在这样的人面前，我真是完完全全失掉自己了。

真是悔极了，我走得那么缓慢。直到二十岁，才懂得怎么去生活，才懂得向往快乐，才懂得怎么去分辨善恶美丑。

人生真正的猛醒，来源于发现自身对于知识的匮乏。

就像一个学中文的人，一个热衷于写小说、散文，结交志同道合之人的青年。当他发现自己对于知识的热爱是微乎其微的，对于自身的人生追求也是茫然无措的。他猛醒的时候，也便是他最痛楚、最无助的时候。

当我们开始懂得思考人生，当我们发现一种值得我们去尊敬的精神，当我们开始嫉妒羡慕一种奋进的生活，当我们发现未来要走的真正的路。那个时候，我们再不会觉得生活无趣，也再不觉得人生暗淡无光，再不低迷于悲伤世界，也再不愿白白浪费光阴。

迷惘无措之后，我们开始喜欢读书，喜欢上进，喜欢争取……因为我们觉得每一种追求都打动了我们要去热爱的心。

当你看得越多，知道得越多时，就会发现自己越来越渺小。正因为这种渺小，让我们恐惧，让我们看到这浩瀚的世界是那么大，而自己用尽毕生的力量能探索到的东西是那么有限。但也是这样的一种渺小，让我们不得不如饥似渴地去学习，去汲取。

我们开始为这一种信仰热泪盈眶，我们读到一本好书会如获至宝，甚至会感动得泪如泉涌，也明白了所谓的"爱的深沉"。

如果没有惊醒，或许我们永远会活在黑暗里。也或许在哪一天，黑暗的天使睡着了，一不小心，我们迎来了光明。

让心里永远住着未成年的你

不管你是青春年少，还是已经进入不惑之年，不管你是深深爱过，还是从未喜欢过任何人，相信你的心里，一定还藏着那么一个孤单的孩子。

他可能藏在你生活的各个细节里。也许是无人的马路上，你蹦蹦跳跳的举动；也可能是夜晚你在无人的街道上放声高歌；可能是在地铁里，你像中学生一样交叉着双脚；也许是你对亲近的人无理取闹时候的一个眼神……

不管我们踏进社会多久，不管我们有没有遵守它的秩序与规则，知道哪些事情该做，哪些事情不该做。

那个心底的小孩子，他永远存在。他依然喜欢简单，依然渴望自由、快乐。

你相信吗，不管你看过多少污浊，当你置身于美丽的景色、辽阔的天地时，你的眼睛一定还是像孩子一样，亮闪闪的。

只有我们学着保护他，他才会好好地保护我们。让我们不丢失快乐，也不丢失童心。在得到的时候，依然会开心地笑；在失去的时候，也会破涕大哭。

正如马丁说的那样："每个人心中都藏着一个孩子，一定要接受自己心里的小孩，请不要用大人的衣服和扎得紧紧地领带，把自己心中的小孩隐藏起来。如果每个人都接受了自己心里的小孩，我相信世界会变得更美好。"

这就是为什么有一些人，在步入了社会之后，就变得成熟稳重，失去童心；而一些人，不管经历多少风雨波折，依然像个孩子的原因吧。

某天去参加一个读书会，看到一个老态龙钟的教授，步履蹒跚。但是当他开口说话的时候，我震惊了。他的声音是那么的洪亮、有震慑力，与他苍老的外表丝毫不符。就是正当盛年的人，也不一定有他那样洪亮的声音，清晰的思路，每一句都是那么有力量而发人深思。

活动结束的时候，上前去跟他打招呼，把带的几本书和名片递给他。他像个孩子一样慌忙地从座椅上站起来，接过名片。我说："老师，我读过您的很多书。"他特别开心地说："是吗，谢谢你，谢谢。"

这个教授一辈子著书无数，连我都没有想到他还会如此欣喜。只是短短的一个对话，引起我的思索。

回去的时候，我跟身旁的人说："等到我老了，也一定要像他一样，做一个睿智、并像个孩子的老人，多可爱啊。"

随着岁月的流逝，我们可能会失去一些什么，但总有一些事情，会唤醒我们心里的那个孩子，让我们能够暂时脱离现实的喧嚣与嘈杂，在滚滚红尘中获得纯净。

像那个教授一样吧，不管经历了多少沧桑巨变，依然睿智，依然是一个容易满足的孩子。在难过的时候就哭，在开心的时候就笑吧，别太在意其他人的眼光。跨过我们自己内心的那一道坎，童真地活着吧。

这样，孤单的时候，也不会那么孤单；痛苦的时候，也不会那么痛苦。因为当你愿意简单地看待一件事情、对待一个人时，你的生活会一直明亮着。

如果可以，请将心中那个孤单的孩子永远留在心间。

不断受伤，不断成长

在成长的岁月里，原本以为时间只会带给我们成长的力量和不屈的个性，却不曾想在一个个阳光初露的清晨，在一个个灿烂日头的午后，它还会给我们带来无限的悲恸。这悲恸或许不是来自于受虐、受屈、受辱、受弃，而仅仅是突然意识到在时间的骨骼中自己太过缓慢的成长。

我们并不是生来矮小，而那些闪耀的人也并不是生来伟大。从青春年少走向而立之年，再到迟暮耄耋，这人生缓慢而必然的过程可能任何人都无法参透。

而世间好像是不公正的，你年少时，它嫌你不经世事、乳臭未干；你年老时，它欺你残阳暮年、老而不坚。如果我们活到恰好的年岁，便是适应这个世间最好的时期吗？是否在那样的时期，我们才可以真正地不被轻易迷惑，真正地解惑，真正地生，真正地活？

如果不是年少，我们是不是可以毫无顾忌地偕朋友去大漠或者山间出游，以文会友。如果不是年少，我们是不是能理所当然地坐在大雅之堂，不惧目光与众人举杯同庆。

如果不是年少，我们是不是不需要洒下那么多无名的汗水，如果我们已成熟，或者已老，是不是就会换来多一些关注，少一些冷落。

热情与现实成为对比，时间无形地走过，却总能在人的心里留下深深的烙印。因年少而热情四溢，也因年少而让热情付诸东流。但是年少的我们终究有我们要做的事，要走的路，如同诸多前人一样。他们在走自己豁达的路，我们在走自己怅惘的路，仅此而已。

一觉醒来，你可能会忘记那个想要破涕大哭的上午；无数次醒来，你可能依然记得自己的初衷。那些被奚落，被搁置，被不屑的热情也一直还在，而且愈加丰满。

我们没有扭转乾坤，或者颠倒时光的能力，所以我们没有办法改变我们所经历的岁月，只能任岁月在身体里流淌成河。一如我们无力改变我们正值青春茂盛之年。但是有人，有岁月，有韶光，来改变这一切的一切。

我们应该都是这样成长的，在冷眼的世界里，不忘自己至真至性的渴望。我们也都是这样经历的，在茫然未知的世界，一次次掩住流血的头颅，流泪的眼眶，只顾走前方那条时而清晰时而模糊的路。

每一次的心痛都是一种领悟

每个人都曾心痛过，或许因为朋友，或许因为家人，或许因为想念，或许因为爱情。这种心痛，也许是在一个人的时候，也许是在一群人中间，也许在喧闹的白天，也许在寂静的夜晚。

心痛经常以一种安静的方式，爬到我们的心尖，让我们用最直接、最沉寂的方式去面对。

每个人都哭过吧，因为想念一个人。想念两个人曾在一起的日子。风雨同舟，甘苦与共。没有冰冷的房间，也没有冷漠的人情。

因为破碎的家庭。它像一个秘密一样，永远无法诉说，以最保密的方式存在你的心底。白天快乐地生活着，跟其他人一样忙碌而疲惫着。到了晚上，才会敞开心扉去想，那些揪心的人与事，那些不能说出口将要把自己折磨得疯掉的心事。

在心痛的时候，多想有一个回应；当自己无路可走张皇失措的时候，多想要一个答案。因为有时真的不能理解，为什么人这一生，除了快乐和欢笑，还有这样多的心痛与悲哀。

于是，我们在下着雨的车窗前发呆，在明媚的阳光下放空自己。我们突然，想抬头看看蓝天，突如其来地想大声歌唱。总是安静，又总是疯狂。

而你会发现不管我们经历过多少苦痛与不幸，总结了多少教训与真理，当我们迎接新的迷惘时，我们依旧彷徨无助。它总是以不同的面目呈现在生活里，这次你学会了折叠千纸鹤，但下一个习题是怎样放风筝。

三毛说："伤过，痛过，才知道有多深刻。"也许我们永远找不到下一个习题的答案，但是我们起码知道了上一个习题带来的收获。生活本来就没有任何前车之鉴，我们要做的是学会面对，并在之后依然简单从容。

纵然伤痛撕心裂肺，天塌地陷，你还是要选择，是悲伤到底，还是继续快乐。只要还活着，就还有以后的路啊。明天你是要笑，还是要哭；是要说话，还是要沉默。

就像小时候被父亲狠狠揍了一顿，号啕大哭伤心欲绝的时候，想着怎么报复他，不再跟他说话，或者离家出走。等到睡了一觉醒来的时候，还是要面对要不要跟他说话，要不要吃他做的饭这些问题。

不能不说，生活是残酷的。它一直在我们最绝望、最缺乏温情的时候，以最冰冷的方式对待我们。它就像是《一代枭雄》里面的那个典狱长一样，遵守着一个军人的规则，不会因为同情而做出任何让步。

它会说，正是因为我的大公无私，我的毫不让步，才证明了你们的刚强。不是吗？

如果我们克服了困难，哭过就会好起来。如果我们没能克服，选择了堕落。我们一定会憎恨生活，憎恨一切，甚至生命。是啊，这一生，我们为何而来，又为何而活。它永远没有答案，真的。不管你以多么分裂、残酷、极端的方式，向它逼迫，它都不会有任何答案。

生活不会在乎我们选择了哪一种方式生活。如果选择了结束，那也就是结束；如果选择了明天，那我们就还有明天。如果我们选择被动，那就被它奴役；如果我们选择主动，则自己掌握命运。

最终，会哭、会笑、会伤、会痛的只有我们自己。生活它只是一面镜子，而每一段痛苦，都不过是一种领悟。

今天我又哭了，但是明天我还会再笑的，不是吗？

今天因为别人犀利的言辞刺伤了自己，非常难过；明天依然会因为他人温暖的话语温暖自己，非常快乐。纠结吧，为什么人生是这样子的；恨吧，为什么生活是这样的，为什么不能只是哭，或者只是笑。

幸好，站在明天与期许中，我们可以用纤细的双手推翻苦痛。那个时候，我们想哭的时候就哭，想笑的时候就笑。嗯，是的，只为简单而深刻，只为疯狂而高歌。

别怕岁月蹉跎

当我们还在校园的时候，总想着早点毕业，早点脱离校园，踏入社会，找一份自己喜欢的工作，过自己想要的生活。我们对未来充满无限的希望，对日复一日的重复着上课、吃饭、睡觉的生活，感到无比厌倦。

但我们踏入社会的时候，才明白那些每天只上课、吃饭、睡觉的日子，是那么简单快乐。我们不用和同事之间明争暗斗，不用为了讨好领导还是保持自我而苦恼。而现在的我们要面对难缠的客户，有做不完的方案，要工作，要加班，要应酬……

当我们明白的时候，我们已经跟校园彻底分开了。不管我们有多怀念我们读书的日子，与同学们讨论诗歌、文学的日子；不论后来我们曾为了这些不舍的日子，哭痛了多少个黑夜，都再也回不去了。

或许只有每日不移地坚持着自己的方向，不管天长日久，才会在某一天找回原来的路。

因为，踏入社会后，很少还会有人去读书，增进知识。在社会中，人们对于知识的渴求就像是一剂药，时而热得人心发烫，时而冰得人心发凉。

感到烫、无法喘息的时候，便是人最勇敢坚韧的时候，在这个时候，人总知道自己的路该怎么走，也知道自己追寻的方向。也许你会在地铁里写字，在街道上哭泣，在道路旁思索，也会在家中闭门苦读。

往往在这样的时刻，你才会完完全全地沉浸在自信的海洋里。尽管你眉头紧皱，但依然会满心欢喜。

是爱、生活与追求，组成了我们人生的幸福与苦楚。但是，想一想，如果有一日没有了信仰，那活着该有多么的绝望。是它们，让我们拥有前行的力量，并且不去绝望。不管你踏入社会多久，它们一直存在，不会消失。而且，随着时间的流逝，你会慢慢发现和领悟，职场和人生无关，生活和梦想无关，需分清立场，明确方向。

爱是什么呢？爱是不管你曾如何颓废、绝望，也应坚韧地生活，并坚持自己的理想。爱是你满怀的热情，带你走向最终的地方。爱，是在路上，让你懂得了追寻的意义；在终点，让你会找到生而为人的使命。

所以，别怕岁月蹉跎，因为，它可以蹉跎你的容颜，但无法蹉跎你年轻而勇敢的心。带着你满腔的热与爱，大步向前吧。

没有人会在原地等你

生活就是这样的，路太多太长太难，即使面对生死，它也不会有丝毫怜悯和手软。

面对生离死别之后，我们依然要回归到自己的生活轨道上，安然无恙地生活。

不管我们的内心曾多么恐慌和畏惧，不管我们曾多少次在深夜里撕心裂肺地想起。但是我们依旧要为了生活而战，我们不能因为他要不在了而不去上班，也不能因为他要不在了，就永远留在他曾经待过的地方。

听见爷爷去世的消息，我才真切地体会到生离死别的苦，这不是以往无数次的空想，它真切地发生在自己的身上，自己的生命里。

我无数次想，是不是等到再大些，就不惧怕离别；是不是等到自己老一些，就能够看透人生短暂、生命易逝这回事儿。是不是等到那一天，我就能很坦然、很平静地去面对生离死别。

但是当死亡硬生生地闯进我现在的生活中时，我连眼泪都没有。不是平静，而是一种从未经受过的不知所措。不知道该怎么做，该用什么表情。

至今如若不是要写，我都觉得死亡、奔丧、下葬这些都没有出现过。

从小到大，一直看别人家办丧事，自己从未经历过。看到爷爷的照片时，心口说不上来的疼，还有父亲下跪的场景以及奶奶一直非常平静的脸。

守灵那天晚上，我一个人躺在长条的板凳上看着黑夜，我觉得那就像是此生最安静的夜一样。我躺在上面感受夜晚的冷风，透过灯光看见爷爷的棺材。

或许此时我才有资格去跟那些经受亲人生死离别的人说，我明白他们的难过和痛苦，明白他们号啕大哭的心情。

举行丧事期间，奶奶一直在屋子里坐着。她没有哭，也不到外面看一眼。即使有奔丧的人来与她说话，她也是很平静。

直到丧事结束，要将爷爷的棺材下葬的时候，她才拄着拐杖走出屋子来，对着慢慢远去的棺材凝望。她坐在门前看着，一句话也不说，一滴眼泪也没有掉。

曾经我跟奶奶说过，等自己长大，让她过得好些。我无法跟她说我的理想，我的追求，我的信念。我只能跟她说我现在做什么工作，拿多少钱，生活得怎么样。

我总想着自己要有出息些，给予这些亲人们好一点的生活。待到爷爷去世，我才被打醒。

时光和生命是很残酷的，它们岂会等你、满足你的一切所想。它一分一秒都不会因为你的深情而停下来，在它面前，有些时候你只能是无能为力。

先把自己照顾好吧，先走好自己的路。如果在这条路上必将有所失，也让这些失去有价值一些吧。下定决心，勇敢地去走自己的路吧，在生死面前，一切是那么的渺小、微不足道。有什么信念就去实现吧，别再说一些骗人的空话。

直到有一天，你不再能够想起曾经陪伴在你身边的那个人，直到你不愿去回想与他的点滴回忆，直到你不愿去他住过的住所，走他走过的路，那你就是真的失去他了。

我们还年轻，生命对于我们来说也才刚刚开始，有很多事情我们还没有经历，有很多事情我们也无法言说，很多时候我们也不知道路途该如何走。它需要我们自己去摸索，去探寻。

可能我们没有走过的路，无法与人分享，可能我们也不知道在人生的时光中，如何兼得生命与信仰。不知道在这残酷的时光中，我们该如何做到鱼和熊掌兼得。但我们可以尝试着去找一条正确的路，去找到最好的方法，来面对因为生命的短暂而带来的一次次心尖的颤抖。

人生要有一场说走就走的旅行

当一个人有了自己明确的人生道路之后，生活中的一切都会变得诗意起来。

"一生中至少要有两次冲动，一次为奋不顾身的爱情，一次为说走就走的旅行。"许多人都喜欢这样既爽快又明亮的句子，但真正能做到的人又有几个呢？有多少人能够勇敢面对一场"只求同行，不求结果"的爱情？又有多少人能丢掉工作，离开压抑的城市，给自己一份洒脱，去寻一处美景？

长久以来，我一直想要有一次奋不顾身的旅行。若要问我最想去的地方，那便是敦煌。

我渴望在一个炎热的夏天，单薄而瘦弱地暴露在那座城市的阳光下。我常跟朋友说，在炎热的夏天，去敦煌晒到脱皮回来，是我一个长久的愿望。

在如今快节奏的生活里，每个人的生活压力都非常大。先不说有无理想，有无长夜痛哭。我们肯定都有一颗疲惫的心灵，很多时候，我们渴望自由，渴望远方。

我常常劝说身边的人，如果可以，少买些物件，多攒点钱，趁年轻去外面看看，多出去走走，看看山水。这并不是为了单纯的休息，单纯的开阔眼界，而是去寻找自己最纯净的心灵，在旅途中拥抱美好。

也许你的生活观由此就改变了，也许世界由此就颠了个个儿。

在备感压抑疲累的时候，选择出行。如果我们没有太多的钱去太远的地方，可以去一个花费不多的地方，去一个小城市。因为风景并不重要，重要的是这一次出走的本身。

走在路上，住在别的城市，走在别的土地上，看见别的城市的人。一些不明的想法，一些心灵的疲惫，就可以慢慢散去。

我们还可以就此去理解生活，去理解过着平淡日子的人们，他们的幸福、安详。

或许可以这样说，在我们忙碌的生活里，没有旅行，是不完整的。旅行应当成为我们生活的一部分，成为我们所追求的一部分，不管多么疲惫，多么焦躁，多么繁忙，下定决心，出走一次。去一个陌生的城市。

记得有人曾说："人的一生，如果真的有什么事情叫作无愧无悔的话，在我看来，就是你的童年有游戏的欢乐，你的青春有漂泊的经历，你的老年有难忘的回忆。而青春，就应该像是春天里的蒲公英，即使力气单薄、个头又小，还没有能力长出飞天的翅膀，借着风力也要飘向远方：哪怕是飘落在你不知道的地方，也要去闯一闯。"

是啊，唯独这样我们才能认识和看清楚真正的世界。

在宁静的小路上，在秋风呼啸的山顶，在波涛汹涌的岸边与清爽无人的溪畔，我们去想明白一些事情、一些人。去领悟生命，贴近自然。归来的途中，做好再次上路的准备。

趁着年轻，趁着青春尚在，趁着我们还有大把的闲暇时光，离开你朝九晚五生活的地方，别再过着一年其实只过一天，只是重复着365次的日子了。背上背包，关掉手机，买一张车票，去你心里一直向往的地方吧，给青春一个无悔的交代！

感谢生活给予我们的所有刁难

感谢生命里的每一个人，生活中发生的每一件事。感谢生活给予我们的所有刁难，让我们学会了在荆棘中忍耐，让我们看得见破茧成蝶后的光明，凤凰涅槃后的辉煌。

曾有一个朋友，在她很小的时候，父母就离异了。她说，走到如今，她的父亲没有给过她多少帮助。父亲从不管她的学习情况，只会问她考试的结果。也不曾问她平日里读了哪些书，有什么样的理想，想过怎样的生活。最多电话里说一句，多看书，多写点作品。

听起来是悲伤的，甚至有悲悯之情。但其实对于我们的成长，及要走的道路，都是要我们自己去点滴摸索的。总有一天，我们可以直言不讳，是××改变了我。

改变了一个消极、悲伤、抑郁、流泪的青年，走上了追求理想、自我与生命价值的道路，让曾经所有苦痛和折磨都迎刃而解。

后来她结婚生子，家庭美满，事业有成。她又说，很感谢生命赋予自己的那些曲折和坎坷，才让自己蜕变成今天强大的自己。

她一直独身一人在陌生的城市打拼。无法想象她由一个女孩儿成长为一个独立的女人，经过了多少坎坷和艰辛。但是最终完满的家庭，结束了她的颠沛流离。我相信她也深深地绝望过、无助过。但只是因为那么一种骄傲的姿态，让她一切都好了起来。

或许，有时候我们自身的骄傲，真的并不是取决于我们获得了怎样的荣耀，做出了什么惊天动地的大事。而是我们自身人格的改变，人生态度的转变。

人生道路上，总会有凛冽的风霜一点一点撕破我们身上的血肉，让我们连哭带号。但那些日子只要咬牙坚持挨过去，就会迎接新生。尽管以后可能还是会经受很多痛楚，很多艰难，但是我们的心会变得更加坚韧。

没有谁能永远都做好梦，在这个纷扰的世间，谁能幸免于难，永远相安无事？

解决不了的事情，就交给岁月吧。随着岁月的流逝，那些悲伤的日子不会再那么刻骨，那些从未有过的平凡，也会变成如今最大的幸福。

人生是公正的，不是吗？有所失，就会有所得。既然失去的已经成为无法弥补的缺憾，那么就让我们忽略那些遗憾，不看一眼，只全心看我们所获得的吧。就像女孩儿一样，总有一天，我们会很平静地说，感谢生活。

尽管我们还是会想起，很久以前那些痛哭的日子，独自吃饭的时候自己掉眼泪的场景，深夜痛苦的呼喊……生活的折磨，家庭的煎熬，爱情的撕裂。

但是我们不会再憎恨岁月的不公，那个父亲的残忍。我们会自然而然地过滤掉那些不快乐，让记忆变得美好。

我们只记得，那时，父亲牵着自己的小手，无言地走在回家的路上；那时，父亲骑着车，送自己去中考；那时，父亲激动地握着我们的手，为我们骄傲；那时，生病的我们躺在父亲的怀里，感受到的疼爱……那时，父亲是一个忠厚的长者，抚摸着我们的头，告诉我们，我们是他最爱的女儿。

感谢命运，也感谢生活。

我们都曾孤单前行

孤单，是一个人的狂欢。

孤单曾被这样解释：孤单，一种心理反应，独自一人时、有很多人在周围时都可能会有这种感觉。它常被视为人类痛苦最普遍的来源之一，每个人隔一段时期就会被孤单的感觉包围，并会持续一段时间，甚至终身为寂寞所苦。

我想世间的每一个人都体会过孤单的滋味，很多时候它不是苦，也不是涩，而是跟眼泪一样咸。大概每个人都是害怕和拒绝孤单的，怕被它包围时携带而来的忧伤，怕它侵袭身心时，那种海潮般的寒冷。

当孤单成为一种无法改变的事实，我们永远无法再选择其他方式不孤单地活着的时候，它该有多恐怖呢。

一如电影《明亮的心》里面的老萧。他是一个瞎子，领着一条叫不来梅的狗，整日在马路旁卖报纸。他有一把军号，他的眼睛是军伤。他一直在寻找一个每天买他的报纸，把一块钱说成五毛钱的姑娘。他戴着眼镜，领着不来梅的时候，依然威风凛凛。他从不让任何人搀扶。"可以扶一时，不能扶一世。"这是他说的话。

每当他吹起军号，那种属于盲人的孤独从四面八方包围他。这种孤独，包含着他的生活，他的回忆，他的经历，还有他的漫漫人生。当他骑上那匹马，狂奔向机场的时候，威风得让人流泪。

一直到电影结束好一会儿，我还躺在床上哭。

因为在那个时候我突然明白，自己到底想要的是什么。自己整日埋怨工作的辛苦和忙碌，总是想抽出时间度假、旅行或者休息。想在有一个属于工作日的时间里，坐在家里，在中午从窗户折射进来的阳光里，读读书，写写字。它们跟星期日没有任何关系，只是单纯地想要不被他人打扰。

因为平日里我们真的太忙了，我们根本无法静下心来去思考。我们来不及学习，来不及感伤。每日都好似在争分夺秒，只想要睡个好觉。

在一个安静的午夜，思考着如果这世界只剩下自己，孤单一人是什么样子的。就像如果老萧没有不来梅，没有军号，他会是什么样子。

除了他一个人之外，除了回忆和无数个夜晚之外，一无所有，是多么可怕。

或许那个藏在他内心殿堂的姑娘，不过是他为了抵抗现实和孤单的力量。

我们不是老萧，不能明白他的那种孤寂。但我们可以由此明白自己。

在安静无人的时候，我们去领略那些来自内心深处的孤独和寒冷。我们不知道，它到底是来自于哪里。生活、家庭、理想？究竟是什么给了我们残缺，这个缺口是那么的大，似乎任何人都无法填补和愈合。

我们一直在等待一个答案，我们总是在想，等我们真正找到并清楚这样的缺口来自于何处时，是不是生活中的一切问题都会解决。就像我们发现了文字的错误一样，会准确地改正。

你是不是也和我一样，渴望有一个这样的日子：独自在家，看着电视流眼泪。顺便沉寂一下自己的心，听听内心深处的声音。当抽泣已经找不到任何原因变成莫名其妙的时候，能让自己在千头万绪中捉住一条叫做灵魂的线。然后，庆幸自己还能体会这种当世界只剩下自己一人的孤单感觉。

起码，它让我们知道，在我们心中还有一个地方，任何人都无法侵犯。

每个人心里都有一个小王子

当我用了一天的时间看完安东尼·德·圣埃克苏佩里的《小王子》的时候，心情恰如那天风和日丽的天气一样，很美好，也很忧伤。

记得在高中的时候读过郭敬明的文章，其中提到过《小王子》。小王子说："你们这儿的人，在一个花园里种满五千朵玫瑰，却没能从中找到自己要的东西。"那个时候，我便很想看这本书。我一直对这本书充满期待和幻想，我一直想它是一本美好、天真烂漫的书，一直到昨天我在书店里买到它为止，我都是这样认定它的。

有时候，人想要去实现自己的一个愿望，立马会去实践，但有时候，它则是一件很长久的事情。我不知道为什么我一直渴望读《小王子》，却一直没有买过这本书。从高中十七岁到现在，已经过去七年有余，期间我买过那么多书，却从未下定决心去买

《小王子》。但就像是一个人说的那样："我恨它来得为时已晚，又欢喜它终于惠及我身。"

　　"你们很美。"他继续说，"但是很空虚，没有人会为你们而死，没错，一般过路的人，可能会认为我的玫瑰和你们很像，但她只要一朵就胜过你们全部，因为她是我灌溉的那朵玫瑰花儿，她是我放在玻璃罩下面，让我保护不被风吹袭，而且为她打死毛毛虫（只留两三只变成蝴蝶）的玫瑰；因为，她是那朵我愿意倾听她发牢骚、吹嘘甚至沉默的那朵玫瑰；因为，她是我的玫瑰。"在读到这一段的时候，我还在来上班的地铁上，很想哭。这种想要眼泪横流的心情和冲动，一直延续到睡前。我不想对这本书做过多的解释和介绍，如果你也是一个小王子、一朵玫瑰，或者那只等爱的狐狸，一定要读一读它。

　　那天晚上，自己是躺在床上读着《小王子》睡着的。夜里，自己做了很多的梦。没有星球，也没有国王；没有沙漠，也没有蟒蛇。但是梦见了我的家人，还有我已经去世的外婆。我犹记得在告别外婆的时候，我站在山下大哭的场景。按道理来说，应该是站在我身边的母亲大哭不止，而不应该是我一直哭着从山下追到山腰。我在想，或许这就是一生所背负的东西，注定要比他人爱得纯粹。

安东尼是一个浑身沁满了乡愁的男人，他对童年时光如此眷恋不舍。

而我们，在生活中有时候很想把自己跟过去切断开来，或许为了抹杀，或许为了忘却。但是在这一生中，的的确确每一段时光都是我们人生不可或缺的一部分。不管它是快乐也好，悲伤也罢。总有一天，它们会从记忆海洋的深处，蜿蜒而上，爬到你的心间。那些快乐的时光，让你变得简单而美好；那些悲伤疼痛的日子，教会你成长与爱。你开始怀恋每一段时光，让你变成了今天的样子。

《小王子》中，纯真也好，爱情也好，友情也好……都在固执地坚守里，有着让人鼻酸的淡淡忧伤。它在用简单的方式传递着人生的智慧与奇妙。做一个怎样的人呢？爱哪一朵玫瑰？如何对待逝去的、进行的和未发生的这些生命之光？

给我们心中的那个《小王子》。

怎样才能成为最好的自己

我们不知道未来会发生什么，也不知道前方的路会通向何方。没有人能够预知命运，告诉自己应该怎样成为最好的自己。那在这样的时代里，我们不得不去思考，自己究竟该做一个怎样的人？

该做一个怎样的人，在经过长久的沉思之后，我突然理解了某位长辈，他为什么一直固执、果断、坚韧，甚至有些独断的个性。

他的这种固执，针对的不是个人，不是群体，不是民族，而是整个社会。因为面对生活的现实和社会的残酷，如果不做一个固执的人，会很难坚守住自己的信仰，更无法高举信仰的大旗。

当我们能够固执于社会的残酷，固执于生活的现实，也固执于人情的冷漠。我们不会再因为社会的残酷而软下心来，改变自己的初衷。我们不会再为生活现实的逼仄，而隐藏对于灵魂真谛的渴念，坦坦荡荡地活着。我们不再因为熟知冷漠的人情，而对情感不再信任和付出。

所以我们必须带着一颗坚韧的心去面对，面对生活的规则，不妥协；面对时间的锋利，不流于世俗。

你不觉得，一个人敢于跟这个社会和所有人固执一辈子，也是一种了不起的坚守吗？或许，对于有信念的人来说，如果有一天丢失了这样的固执和坚韧，那么就已经向世俗低头了。而如果他选择了坚守，那么永远也不会向世俗妥协。

为此，我们或许应该试着去理解所有人，不抨击长辈，不侮辱先贤，不鄙夷他人，不欺辱弱小。他们有选择自己生活方式的权利，他们选择的道路都应该被尊重。如同文学这条道路上，不管一个人选择在城市，还是选择隐居于乡村，他都有他的故事，也都有他的缘由。没有谁比谁辉煌，也没有谁比谁暗淡。

我自己从不敢颐指气使批评哪个老师没有真学问，哪个作家作品尽是垃圾，哪些网络小说不堪入目。我总是愿意站在包容的一端，去体会每一个作者的每一部书、每一篇散文、每一首诗歌。

因为，我们生活得忙碌、疲倦，我们来不及去听他人背后的故事，也来不及去品味其中的真实。太多的时候，我们只是用眼睛去看，武断地猜测，以偏概全，去鄙夷、蔑视。

当我们停下来，多花一点点时间听听他人背后的故事的时候，也许我们会发现一个爱笑的人或许心里藏血泪，一个温和的人或许在暗地里耍心机，一个严厉的人或许比谁都良善。就让我们停下来，去读懂沉默；停下来，去看穿阴暗背后的阳光。

当有一天我突然发现我的勇敢和尖锐的羽翼已经变成了能扑腾几下的小翅膀时，我不得不仔细地想一想，自己究竟该选择成为一个什么样的人。

有一些秉性是天成的，但我们更多的，是后天的选择。

这世间，人无完人，即使你从一个小职员升为一个大领导，即使你从一个小学生成为一个大教授。依然人外有人，天外有天。如果你是做文化的，必定有做财经的人鄙夷你；如果你是教英文的，必然会有学法文的人看不起你。

所以，为什么那些功成名就的人，爬到了很多人自以为光鲜亮丽的地位，仍然有失落感。因为，人生是没有尽头的。而我们的生命，是有限的。不是吗？

在我们有限的生命里，我们必须选择去做一种人，一种能够独立于天地间、人群中的人。你有跟我一样的头发，他有跟我一样的双眼，但是你一定要有一样是别人没有的。当他们评价你的头发太糟糕，你的双眼太不明亮的时候，起码你还拥有一件无可取代的利器。它或许会刺向你，也或许不会伤害任何人，只保护你自己。

那是一种固执坚守且又避免受伤和诋毁的保护。

所以，尝试着做一个更为锋利的人吧，不怕别人刺伤，也不怕刺伤自己。

没人会心疼你，你要好好爱自己

我不知道你有没有和我一样的感受，随着年龄的增长、阅历的增加，我们越来越想要好好地爱自己。这种爱，不仅仅体现在身体上，也更加突出在心理上。

年龄的增长，让身体总是不间断地给我们一些信号。哪里病了，哪里需要治疗；哪里需要补，哪里需要锻炼。

我们一直都仰仗着自己年轻，不管怎么折腾，并无畏惧。加班到深夜，黑白颠倒玩通宵，抽烟，酗酒。忽然有那么一日身体就垮下去了。最开始，我们很少收到身体发出来的信号，所以我们并没有在身体上过多地去爱自己。但是当我们频繁地收到这些信号的时候，我们不得不去在意它，并想办法将其抚平。

第一件让我们重新重视的事情，便是饮食问题。比如一定要吃早饭。好像身体内不管是胃、是肾还是血压等问题，最后医生多少都会强调，一定要按时吃早饭！

骤然，吃早饭不再是自然而然的事情，也不再是可以搪塞或者忽略的事情，它变成了我们必须履行的一项义务、必须完成的一个任务。如果你不按时吃早饭，或者不吃早饭，医生的警告就会回响在你的脑海里，身体也会发出向你警告的信号。

于是，我们开始想着法地吃早饭。即使我们不能吃上家中做的丰富的早饭，馒头、粥搭配咸菜之类，也没时间去快餐店吃咖啡搭配汉堡、油条之类的套餐，但是我们总要想办法吃点。

头天晚上去买上几块面包，顺带一袋牛奶，第二天洗漱完，匆匆吃掉它们。吃这一点，似乎不是为了吃，而是为了给心理带来一些安慰：今天早饭我吃了啊，胃病之类的疾病不要来找我。

让我们重视的第二件事，便是锻炼。对于那些总爱运动的人，就不必说了。说的是平时不爱运动、不重视运动的人。虽然都知道运动才能强身健体，但还是像做暑假作业一样，一拖再拖。

直到有一天，我们的身体某部分突然就疼了，或者是我们的气血骤然虚得厉害。我们开始注重锻炼。不管下班有多累，吃完饭也要去楼下锻炼一下。花上半个小时跑跑步、扭扭腰、甩甩腿，就会觉得身体比往常结实许多。其实，这其中大部分是心理作用。

我们还想方设法地去爬山。爬各种各样各个地方的山。后来，只要是到了一个有山的地方，都想去爬一爬。

身体上我们渐渐觉得自己要做的太多太多，补充营养，注意饮食，保持心态，旅行，定期参加聚会，等等。在我们想着办法对自己身体好一些的同时，我们也希望自己的心理能够因此而好受些。当我们这样做的时候，我们的心理也的确获得了一种平衡感。

在追求理想的过程里，我曾想到过家庭、朋友、时间，乃至爱情、生活，唯独忽略了健康。人往往是这样吧，对于上天所赋予的，反而从不放心上。就是这样的一种忽略，才让人后知后觉，它才是最重最初的东西。

记得一次我去听一个老师的讲座。他说："如果你想要考研，第一，你要具备健康的身体；第二，是一定的物质基础；第三，才是学习。"之前我一直在为后两者胆战心惊，但是当我想到健康的时候，我更加恐慌了。

我自小是一个身体羸弱的人，每年都会去很多次不同的医院。或许看病，或许做检查，或许拿药。而去医院是最让我厌恶的事情，因为一走进那个院子，闻到消毒水的味道，我整个人便彻底虚脱了。

我讨厌在医院里感受到的那样一种无力。它让你无力去做任何事情，让你彻底被打败，被摧毁。在那一刻，所有的理想追求、坚韧和悲伤都成烟云。

我第一次动手术时，还很小，十七八岁。当我趴在手术台上的时候，才真切地懂得了"珍惜生命"这句话的含义。我疼得哭湿了半个枕头，那时候我下定决心好好对待自己的身体。

然而人都是不长记性的。尽管曾经那么疼过，但随着时间的流逝和生活的阻隔，当时手术的疼痛，我早已不再铭记于心了。

结果第二年，我再一次躺在那个手术台上。

那个时候，我想念我的亲人，我的朋友。那种来自心灵的脆弱，是无法言说的。

因为身体的羸弱，会经常让我感受不到理想的脉搏，它使人生、生命变得微弱、朦胧。在经过了数次这样的感受之后，我不得不将健康列入我人生道路上最为重要的目标。

　　我想方设法想要一个好的身体。我相信我有一颗明朗的心灵，但是我也要一个健康的身体。我从未想过自己会夭折在追梦的路上，不管是天意，还是人为。

　　父亲说，文学这条路很苦，但是你不要走得太极端，像海子，像顾城。

　　我都懂，尽管我没有完完全全体会过他们追求的狂热与苦痛。但是世间很多事情都是如此，只要你内心拥有希望，一切都是可以以此为标准来衡量。

　　因为希望，我试着去理解一切，包括人生的缺憾、爱情的缺失、道德的沦落、生命的短暂……都说所有病源皆来自于内心，我不愿我的内心在予我以伤痛之后，再予我以病痛。

　　所以，不管我们想要做什么，都要照顾好自己，它是一切的资本。漫漫人生路，我们无论如何也不能忽视这一点。

如花美眷，似水流年

如今你可能像我一样，已经接近中年。虽然人生不能用沧桑、凄苦之类的词语来形容，但是也总算经历了一些挫折、失落与迷惘。按常理来说，站在二十几岁的角度，未来会远一些，但是，那些逝去的最美的年华，对我们来说，似乎是更远了。

不仅仅是时光阻碍和流逝着那些天真烂漫的年华，生活和距离也阻碍着它们，使其越来越远。三年高中，四年大学，以及后来的毕业生涯，都将这些蹉跎改变了太多。

这七八年里，不仅时光在叠加，地点在变换，人心也像是重新生长了一个又一个。尤其是活在城市里，活在远方，记忆里的那些美好而灿烂的日子，终被这拥挤而忙碌的城市洗劫一空。

我们只能在抬头看见道路两旁的枝丫缝隙时恍然想起那如昔往日。它们如同被树枝阻拦的杂乱的阳光一样，虽曲折遥远，但依然如此明媚。

单纯的年纪里，我们不像如今这样去分清你我。你对我好，我就对你好，你对我不好，我也不会再理你。

那个时候，也没有贫穷与富有的概念。不会因为贫穷而遭受冷眼，也不会因为富有而去奉迎。

那个时候，也没有什么美丑之分。喜欢便是最好，不喜欢便是最不好的。

那个时候，也不在乎晴天还是雨天，只要开心，心情永远与天气无关。

还记得童年吗？在夏日炎热的中午，我们拿着自制的工具网，穿过一条条马路去捕蝉，大多时候，我们都是光着脚。我们没有夏日午后的睡意，也没有害怕被晒黑蜕皮的意识。我们光着脚走在沙子路上，在吱吱的蝉声中，捂住一只又一只蝉，直到日落西山。

寒冷的冬天里，我们也未曾像现今这样感受到严寒就惧怕出门或者远行。我们到河里去滑冰，到雪地里去打雪仗，在家门口堆雪人，在屋檐下砸冰溜溜。

我们没有忧伤孤寂的秋。秋天的落叶与秋天的萧瑟，都还不属于我们触及的范围。而初夏里，我们用柳条编织草帽，到山顶去采摘野花、果实。

你总也不知道，那时候的日子，竟能如此丰盈、充实和快乐。

我们翻滚在大片大片的油菜花地里，全身沾满了花粉。我们同油菜花一样金灿灿的，香喷喷的。我们翻滚在一块又一块的麦田里，我至今还记得小麦的麦香，那种天然的、鲜嫩的味道，让人沉醉、欢喜。

我们骑着还够不着脚踏版的大自行车，或者是用脚勾着，或者是把腿伸进大杠底下，或者是站起来……骑得飞快。一路陪伴着的，是那欢声笑语，是那云淡风轻。

那时候，日子是飞快得如同弓弦上发出去的箭。我们经常不知道日升与日落。天好像突然黑了，然后突然又亮起来。

我们有着做不完的事情，不管是在学校，在家里，还是在马路上。

　　虽然现在我们并未老去，但是念及那些烂漫的时光，总像是老了。好似我们成长了很久很久，总是想要回头看一看那从前的时光，而不是以后。

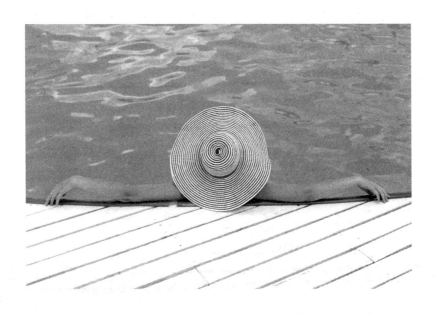

愿被这个世界温柔相待

人的理想会被三样东西打败：时间、爱情、生活。我们应该会时常害怕自己的梦想被其中任何一个打败，所以我们才一直与之抗争。因为这三种东西，在人的生命里，呈现的方式太过猛烈。一不小心，就会淹没理想。

这三样东西能给予人刻骨的感受：时间会消磨一个人的斗志，爱情会让人失去理智，生活会给人残酷的压迫。一个人能够坚持理想，坚守信仰，必定是要有顽强的意志。一方面，我相信如果一个人坚持下去，理想不会被其磨灭。另一方面，我也相信，人会在这三种事物中，沉溺不醒。而这一段沉溺，可能是幸福的，也可能是可怕的。

不管它们是使用温柔刀，还是残忍的毒酒，都会有一种力量，把人生之梦扑灭。所以，很多时候，执着的人才如此执拗。

踏进社会后，我一直恐惧自己会忘记初衷。每当我走在街头时，常提醒自己，骨子里还做着梦，还留着它的鲜血，我不能将它忘记。

因为随着时间的流逝，梦想必然会变淡变浅。最初的那些强烈的渴望和斗志，也会渐渐薄弱下来。

不管多么铭心刻骨的事情，随着韶光流逝，也会斗转星移。以前以为万箭穿心的事情，后来也可以笑着说出口，与他人谈论。

于是，我们终日活在这样的恐慌之中，时不时地把理想拉出来，让它见见光，看看前路的方向。

学习便是学习，不可分神写作；写作就好好写作，不能好好学习。从前我一直纠结于如何选择这两件事情，学习与写作。我究竟该坚持哪一个，放弃哪一个。直到后来我知道，选择哪一个都不是最好。它们是连成一体的，我非要分开来选一个，这只会让我两者都做不好。

最后说说生活。生活最大的敌人是贫穷、没有物质基础，任何雄心壮志想实现都是顶难的。

人生如白驹过隙，弹指而过，而我们又如此羸弱。因此，我们经常想到死亡这件事，又想到该怎样给生命一个交代。是的，没有人可以阻止死亡的到来，而要做到不畏怯死亡，我们所能做的，或许只是活出自己。

在人生路上，不妄想，不妄为，切切实实地，踏出每一步。只愿路上，被这个世界温柔相待。

没有任何原因，不去绽放自己

在最茂盛的时候，不要忘记绽放自己。一朵花儿尚可以做到如此，更何况是我们呢。

你有没有这样的时候，会一眼爱上一处风景、一株树、一种花儿。当我遇见海棠花的时候，第一眼我便迷醉了。

那是在一日的中午，跟同事吃完饭回来，看到了道路两旁鲜红鲜红的花儿。我喜欢那样一种红，仿佛生来就与我吻合一般，让我知道我还有这样一种喜好。

要不是其中有一棵树上挂了一个小小的牌子，我还会一直只专注于它艳丽的颜色，而不知道它就是花中神仙海棠花。

春光下的海棠，簇拥着，绽放得似一把小伞，在春风里摇曳；没有绽放的花蕾，则似胭脂点点，动人可爱。我不知道它的名字时，便喜爱它，我知道它的名字后，依然陶醉于它。可人生，又有多少事件、多少情感能似这海棠花一样，始终如一地给我以美好、以静美呢。

生活并不像这花儿，它有无数的面具和皮囊。它面对什么样的人儿，换上什么样的面具，让人看也看不清，猜也猜不透。

作为一个年轻人，我们都曾渴望乘着火车奔驰远方。而当我们刚刚爬上那迅猛的火车头，就被生活狠狠地绊了一个趔趄。好似还没像海棠这般在春日盛开过，就渐褪颜色，自行消散了。

之后，我们之所以困苦的生活，是因为厌恶地拒绝了生活好心赠送给我们的面具。于是它便对我们换了一种模样，让我们不息的热情一下子消失在了恐吓与威胁中。

每日我们都在寻觅和挣脱，寻觅原本的自我，挣脱恫吓。但不知道为什么，会觉得自己没有力量了，好似再没有力气去驾驶火车，而无力地被火车驮着。甚至失去了抓紧铁栓的力量，开始在生活的火车头上摇摇晃晃。

直到春天再来，直到我发现了海棠花。它如此艳丽妖娆，在属于它的季节里绽放它的生命。它难道没有像我们一样曾经遭受风吹雨打吗，它难道没有像我们一样为吐露新芽而受尽苦楚吗？

当我看见这样美丽的生命，我仿佛得知了一件事情：在白驹过隙的人生里，人何尝不应像这花一样，将自己最热烈的生命，绽放在属于它的美好季节里！

一切好的坏的，都会过去

你是不是也会有那么一段时间，感到非常暴躁，而且凭直觉判断，这种暴躁会持续飙升？它已经从你身边的人，扩散到几乎每一个跟你接触的人身上。

那个时候，生活里所有的事情，都想用一个字解决，那就是"拖"。那个时候，我们非常希望一切变得直接明了而简单。宁愿万人厌恶，也要做自己。

工作上，我们不想再额外帮任何人做任何事情。既然当面沟通过，交代过，回头你就不要向我提要求，会很烦躁。不是我负责的工作，不要来找我沟通，而且非要说出一个三七二十一来，这让人也十分不能容忍。

尽管工作上会接触领导和其他一些业界人士，自己还是一样会懈怠、只想早一点儿回家，不想应酬，不想吃饭，不想浪费口舌。

其实，哪怕知道是自己错过了报考确认时间，即使要责怪，也是责怪自己掉以轻心忘记了。但还是无条件地对别人发火。就好像如果自己想要走路回家，而其他人非要坐公交，自己一定会雷霆大怒一样。就这样，生活中处处都会成为自己心情的引爆点。

也是这样的时候，我们是一个泪点极低的人。任何一件事情，一个眼神，一个画面，一个因素，都可能是自己痛哭一场的缘由。而且也不会向任何人解释这是因为什么。

他人也不知道，也不会体会到你的心情。这些自己都了解，但还是觉得自己有足够的理由去向别人开火。

这是浮躁吗？

当因为一个默默无闻的老人，坚持了三十年的舞蹈而以泪洗面，自己却不能为自己内心的渴念找到任何哭泣的理由的时候，真的很想爬上床，蒙上被子大哭一场。

夜晚，只能拿起书来看，看到自己发困的时候就睡觉，明天照常起来上班。继续暴躁。

也许很久之前，有人认为你是一个博爱且善良的人，在这个时候，如果他看到你，一定不敢相信你变成了一个只为自己，而不愿意为任何人着想的人。或许包括自己，都已经不再是属于自己的。

我认认真真地想过，或许这一切不是因为厌烦才发脾气，也不是因为不懂礼貌而任性无理。我们选择忽视，只是因为我们已没有时间来正视自己。